国家自然科学基金（51404273，51974316）
国家重点研发计划（2016YFC0600903）　联合资助

高应力岩体爆破的断裂机理

杨立云　杨仁树　丁晨曦　著

北　京

冶 金 工 业 出 版 社

2020

内 容 提 要

本书系统介绍了作者近些年在国家自然科学基金项目和国家重点研发计划项目资助下，围绕高应力岩体爆破理论与技术方面的主要研究内容和成果，包括高应力岩体中爆炸应力波的传播规律、爆生裂纹的动态演化机理、光面和预裂爆破、切槽和切缝药包定向断裂爆破以及受拉岩体的爆破断裂力学行为问题。

本书可供从事土木、采矿、水利水电开发、国防等地下空间开发领域的科研和工程技术人员使用，也可作为高等院校相关专业研究生和本科生的教学参考书。

图书在版编目（CIP）数据

高应力岩体爆破的断裂机理／杨立云等著．—北京：冶金工业出版社，2020.5

ISBN 978-7-5024-8515-3

Ⅰ．①高…　Ⅱ．①杨…　Ⅲ．①凿岩爆破—断裂机理—研究
Ⅳ．①TD235

中国版本图书馆 CIP 数据核字（2020）第 067992 号

出 版 人　陈玉千
地　　　址　北京市东城区嵩祝院北巷 39 号　邮编　100009　电话　（010）64027926
网　　　址　www.cnmip.com.cn　电子信箱　yjcbs@cnmip.com.cn
责任编辑　徐银河　耿亦直　美术编辑　彭子赫　版式设计　孙跃红
责任校对　李　娜　责任印制　李玉山
ISBN 978-7-5024-8515-3
冶金工业出版社出版发行；各地新华书店经销；北京捷迅佳彩印刷有限公司印刷
2020 年 5 月第 1 版，2020 年 5 月第 1 次印刷
169mm×239mm；11.75 印张；228 千字；177 页
78.00 元

冶金工业出版社　投稿电话　（010）64027932　投稿信箱　tougao@cnmip.com.cn
冶金工业出版社营销中心　电话　（010）64044283　传真　（010）64027893
冶金工业出版社天猫旗舰店　yjgycbs.tmall.com
（本书如有印装质量问题，本社营销中心负责退换）

前　言

21世纪人类对矿藏资源开采、水电建设、交通隧洞、地下防护等工程的地下空间开发将越来越多，且不断向深部岩体发展。2016年习近平总书记在全国科技创新大会指出"向地球深部进军是我们必须解决的战略科技问题"，将地质科技创新提升到了关系国家科技发展大局的战略高度。

"深部"岩体意味着高应力，是区别于"浅部"岩体最大的力学特点。据南非地应力测定数据，埋深在3500~5000m的岩体地应力为95~135MPa。进入深部高应力岩层后，高应力岩体爆破理论研究和技术开发面临着一系列挑战。在深部高应力岩体中进行爆破施工作业时，与浅部岩体爆破中不考虑地应力相比，深部岩体的破坏是高地应力和爆炸冲击荷载共同作用的结果。但是，目前很多爆破参数仍按照浅部岩体爆破方案进行设计和施工，没有考虑到地应力的影响，经常出现炮眼利用率低、围岩损伤破坏严重等问题，直接导致施工效率低，工人劳动强度大，材料消耗量大，施工成本高。

根据断裂力学理论，深部高应力岩体爆破本质是原岩应力、爆炸应力波和爆生气体组合载荷耦合作用下的裂纹起裂、扩展、贯通或止裂过程。因此，本书紧紧围绕深部高应力岩体的爆炸致裂问题，从断裂力学角度，通过焦散线和数字图像相关等光测力学试验，分析了爆生裂纹起裂、扩展过程的行为特征，揭示了深部高应力岩体的动态断裂力学机理，旨在为开发高应力岩体高效爆破技术和优化爆破参数设计服务，进而提高深部岩体爆破技术水平，为我国深地开发提供科学支撑。

　　本书共 8 章。第 1 章阐述了高应力岩体爆破的工程背景及其国内外研究现状；第 2 章介绍了本书中试验主要运用的技术和设备，包括：动静组合加载系统、焦散线试验技术、数字图像相关技术（DIC）和 LS-DYNA 数值模拟技术等；第 3 章运用数字图像相关分析方法，分析了静态高应力和爆破载荷作用下组合应力场的演化特征，探讨静态高应力对爆炸应力波传播的影响效应；第 4 章采用焦散线试验方法，分析深部岩体中炮孔周围爆生裂纹的分布规律以及裂纹起裂后的扩展路径、速度等运动学行为；第 5 章通过焦散线试验方法，分析节理穿过炮孔和节理在炮孔旁边两种情况下深部含缺陷岩体的爆破破坏特征，以及节理端部产生的爆生翼裂纹起裂角度、扩展路径等行为参数，揭示了深部含缺陷岩体在地应力和爆破作用下的断裂力学行为；第 6 章利用立方体石膏砌块模型，模拟高应力作用下的光面爆破和预裂爆破，结合数字图像相关分析、超声波损伤测试技术，比较高应力岩体光面爆破和预裂爆破效果与普通光面爆破和预裂爆破的差异，揭示了高应力对光面爆破和预裂爆破的影响规律；第 7 章采用焦散线试验方法，进行了深部高应力岩体中两种定向断裂控制爆破（切槽爆破和切缝药包爆破）试验，分析定向断裂方向裂纹扩展行为特征，探讨了高应力岩体中定向断裂爆破技术的适用性；第 8 章首次对受拉岩体的爆破问题进行探讨，采用焦散线试验方法，分析了受拉岩体中爆生裂纹的分布和扩展行为特征，探讨了切槽爆破在受拉岩体中的适用性，揭示了受拉岩体爆破的断裂力学机理。

　　本书内容主要基于杨立云主持的国家自然科学基金项目《深部地应力场对岩体爆炸致裂过程影响效应的实验研究（No. 51404273)》和《考虑约束效应的爆生裂纹扩展行为基础研究（No. 51974316)》的研究成果，其中，第 2、第 5 章由杨仁树执笔，第 3、第 4 章由丁晨曦执笔，第 7、第 8 章由朱现磊执笔，全书由杨立云定稿。孙金超、马佳辉、王学东、包仕俊、刘振坤、张勇进、方士正、杨爱云、王青成、黄晨、谢焕真、张蓝月、陈思羽等研究生参与了本书所述试验并做了大量工作。

本书所涉及的成果和本书的出版也得到了国家重点研发计划项目《煤矿深井建设与提升基础理论及关键技术》课题之三《深井高效破岩与洗井排渣关键技术（No. 2016YFC0600903）》的资助，在此深表感谢！

作者一直致力于工程爆破和断裂力学方面的科研工作，但限于水平，书中不妥之处，敬请读者批评指正。

杨立云

2020 年 1 月

目　录

1 绪 论

1.1 深部资源开发现状

随着浅部资源的日益枯竭，国内外陆续转向地下深部资源的开采。深部开采出现前所未有的困难已成为我国资源开发面临的重要问题，解决这些问题则是保证我国资源供给的最主要途径。为此国家高度重视，2016 年习近平总书记在全国科技创新大会上指出"向地球深部进军是我们必须解决的战略科技问题"，将地质科技创新提升到了关系国家科技发展大局的战略高度。

就煤矿而言[1]，德国、波兰、俄罗斯、英国、日本、比利时等国家的最大煤矿开采深度早在 20 世纪 90 年代就已超过 1000m，逼近 2000m 水平。我国 1000m 以深的煤炭资源量占已探明煤炭资源总量的 53%，煤炭开采深度以每年 10~25m 的速度延伸，预计未来 20 年里，我国很多煤矿将进入 1000~1500m 的深部开采阶段。目前，我国煤矿千米深井约 47 座，平均采深 1086m，如江苏徐州矿物集团的张小楼矿（1100m）、河北唐山开滦集团的赵各庄矿（1159m）、北京矿务局门头沟矿（1008m），其中最深的为山东省新泰市新汶集团的孙村煤矿（1501m）。

就金属矿而言[2]，国外开采深度超过千米的地下金属矿山（深井矿山）有 112 座。在这 112 座深井矿山中，开采深度 1000~1500m 的有 58 座，1500~2000m 的有 25 座，2000~2500m 的有 13 座，3000m 及以深的 16 座。其中，70% 以上的金属矿为金矿和铜矿，开采深度超过 3000m 的 16 座矿山有 12 座位于南非，全部为金矿，如姆波尼格金矿延伸至 4350m。我国进入深部开采的时间相对较晚，但发展迅速。2000 年以前，我国只有安徽铜陵冬瓜山铜矿和辽宁红透山铜矿开采深度达到或接近 1000m。21 世纪以来，随着我国矿山事业突飞猛进的发展，目前我国开采深度达到或超过 1000m 的金属矿山已有 16 座。其中，河南灵宝釜鑫金矿达到 1600m，云南会泽铅锌矿、六苴铜矿和吉林夹皮沟金矿达到 1500m。按照目前的发展速度，在较短时间内，我国深井矿山的数量将会达到世界第一，而且会出现多个开采规模达到世界最高水平的超大型地下金属矿山。例如，我国正在建设的山东纱岭金矿超深矿井主井深 1600.2m，开采深度达 2000m，为目前国内最深的矿井。

因此，综合我国煤矿、金属矿开采深度水平的现状，可以看出我国深部矿产资源开采将全面进入 1000~2000m 阶段，深部开采趋于常态。未来 10~15 年，铁矿资源的 50%、有色金属矿资源的 33%、煤炭资源的 53%将进入 1000m 以下开采。

同时，水电建设与开发亦面临深部开发问题[3]。水能是一种经济、可靠的清洁可再生能源，我国亦是世界上水能资源最丰富的国家，充分利用水能资源、大力发展水电是有效改善我国能源结构、保障我国能源安全、保护生态环境的必然选择。而占全国可开发总量 61%的水能资源集中在西南地区的高山峡谷之中，包括溪洛渡、小湾、拉西瓦、锦屏一级与二级、瀑布沟、白鹤滩、乌东德、南水北调西线等在内的一大批大型水利水电工程正在或即将在我国西南地区密集展开。这些工程均需进行大规模、高强度的地下硐室群岩体开挖，部分工程开挖已经进入数百米甚至上千米的深部岩体。如坐落在雅砻江锦屏大河湾上的锦屏二级水电站，4 条穿越锦屏山的引水洞平均长 16.67km，一般埋深 1500~2000m、最大埋深 2525m。

可见，21 世纪是人类开发利用地下空间的世纪，包括矿藏资源开采、水电建设、交通隧洞、地下防护等工程在内的地下空间开发越来越多，且不断走向深部岩体。岩体埋深每增加 1km，其自重应力大约增加 27MPa。除自重应力外，深部岩体在形成的历史过程中留有远古构造运动的痕迹，其中存有构造应力场，二者叠加累积在岩体中形成高地应力。据南非地应力测定，埋深在 3500~5000m 的岩体地应力为 95~135MPa。尽管国内外对"深部""深部岩体""深部工程"等一系列概念目前还没有统一的界定标准和评价指标，但"深部"岩体即意味着高应力已成为一个不争的事实，是区别于"浅部"岩体最大的力学特点。

1.2　深部岩体施工技术现状

钻爆法作为一种经济、高效的施工方法，广泛应用于国内水电、矿山、交通等工程的深部岩体开挖过程中，对某些坚硬岩体甚至是唯一的方法。进入深部高应力岩层后，高应力岩体爆破理论和技术也面临着一系列挑战，地应力增大、地质条件恶化、破碎岩体增多、涌水量加大、地温升高和环境条件严重恶化，给深部岩体安全高效爆破施工带来一系列难题。在深部高应力岩体中进行爆破施工作业时，深部岩石的破坏表现出与浅部岩石不同的特性，深部岩体的破坏是高地应力和爆炸冲击荷载共同作用的结果，地应力的作用不可忽略。同时，岩体中还存在大量的节理、孔洞、孔隙和裂纹等缺陷，这些初始缺陷形成的裂隙场在高地应力和掘进施工活动等影响作用下，更加剧了深部岩体爆破施工的技术难度。目前，很多已有的爆破参数设计还是按照浅部岩体爆破方案进行，没有考虑到地应力影响，所以经常出现炮眼利用率低、围岩损伤破坏严重，直接导致施工效率低、工人劳动强度大、材料消耗量大、施工成本高等不良结果。

1.3 高应力岩体爆破研究现状

爆破是在爆生应力波和爆生气体作用下，岩石等被爆破物的破碎过程。因此爆破理论主要由两部分组成，一方面是引起岩石破坏作用的载荷形式，另一方面是在爆炸载荷作用下岩石的破坏形式。对于岩石爆破载荷的作用形式，目前已基本上得到共识，认为岩石的爆破破坏是应力波和爆生气体共同作用的结果，只是在不同的岩石和装药条件下，二者对岩石的破坏作用程度不同。而对于岩石的破坏形式，随着断裂力学研究的深入发展，可用裂纹扩展理论来解释。

目前国内外许多专家、学者对岩石爆破和爆炸致裂机理进行了深入的研究。但是由于爆破过程的复杂性，即使对于一个简单的爆破问题，要得到其理论解析也是非常困难的，故采用试验和数值分析方法是研究这些问题的重要手段。

1.3.1 地应力对岩体爆破效果的影响

1971 年，Kutter 和 Fairhurst[4] 发表了对爆破破坏机理研究的经典文献，采用 PMMA 和岩石试件对爆生应力波和爆生气体分别对岩体破坏作用的研究过程中，发现了爆生裂纹优先向静态应力场中最大主应力方向扩展的现象。1996 年，Rossmanith 和 Knasmillner 等人[5] 采用 PMMA 立方体试件进行堵塞效应的试验过程中，也发现静态应力场对爆生裂纹的扩展路径具有明显的影响效应，爆生裂纹会逐渐向最大主应力方向靠拢，且裂纹方向与压应力场方向倾斜时，静态压应力场对裂纹的扩展起到阻碍的作用，当裂纹向静态应力场方向偏转并一致后，静态压应力场对裂纹扩展的阻碍作用大大降低。Lu 和 Chen 等人[6] 在进行地下水电站硐室的爆破施工过程中对硐室的分区开挖顺序、周边爆破技术进行了现场试验研究，发现地层中的原岩应力场对爆破参数设计具有明显影响，在地应力较低的情况下（水平地应力小于 10MPa），无论是光面爆破还是预裂爆破，都可以得到理想的爆破效果，但是在高地应力区（水平地应力＞10MPa），合理的爆破技术（预裂/光面）和顺序需要根据实际情况综合考虑分析。刘殿书[7] 对初始应力条件下的爆破应力波的传播过程进行了光弹试验研究，发现初始应力影响着应力波的传播过程。张志呈、肖正学等人[8] 通过室内试验和现场实例分析了初始应力场对爆破效果的影响，发现初始应力场的存在改变了爆轰波的传播规律，同时对裂纹发展起着导向作用。谢源[9] 进行了附加载荷介质爆破裂纹扩展的光弹试验研究，发现介质爆破裂纹的方向及大小与附加的主应力有关。高全臣[10] 采用动光弹模型试验对不同应力条件下的爆破作用机理进行了探讨，并通过现场试验提出了适用于高应力岩巷掘进的控制爆破设计与施工技术。戴俊[11,12] 利用弹性理论方法分析了原岩应力对光面爆破和预裂爆破炮孔间贯通裂纹形成的影响，发现原岩应力的存在有利于光面爆破的炮孔间贯通裂纹的形成，而不利于预裂爆破的炮孔间贯通裂纹的形成。杨立云[13,14]采用焦散线试验，研究了爆生主裂纹和翼裂纹在动静组合应力场中扩展规律，分析了初始静态应力场对裂纹扩展的影响效应。

目前，适合岩体爆破模拟的计算方法主要有有限元（FEM）、边界元（BEM）、有限差分（FDM）和离散元（DEM）等，国内外众多学者[15~23]对各种计算方法作了尝试和深入研究。Ma 和 An[24]采用有限元程序 LS-DYNA 对地应力场和岩体的断裂破坏关系的模拟过程中发现，地应力对岩体的破坏形式具有显著影响效应，地应力对岩体中爆生裂纹的扩展和分布具有导向作用。Wang 和 Konietzky[25]采用有限元（LS-DYNA）和离散元（UDEC）相结合的方法对初始地应力对岩体的破坏效应进行了模拟，发现岩体优先沿最大主应力方向断裂。谢瑞峰[26]采用有限元（LS-DYNA）对高应力条件下的岩体松动爆破进行数值计算，结果显示深部岩体中初始应力对围岩应力、应变、裂缝的启裂方向具有导向作用，同时根据模拟图片关于初始应力对裂缝的发展长度影响也做了一定的讨论。王长柏[27]基于理论推导和 ABAQUS 动力有限元计算分析了不同埋深和侧压系数条件下岩石爆破裂纹的扩展规律。

1.3.2　地应力对含缺陷岩体爆破效果的影响

天然岩体中存在大量的节理、孔洞、孔隙和裂纹等大量缺陷，在静态载荷和爆炸载荷作用下，这些缺陷（主要指节理和裂纹）对岩体的断裂破坏效应有着重要的影响[27,28]。其中，地应力场作为一种静态压应力场，关于静态压应力作用下岩石中翼裂纹的生长扩展过程，无论是理论分析还是试验研究[29~32]，都已经非常深入和成熟。但是，在应力波作用下，关于岩石中翼裂纹的损伤破坏过程的研究文献相对还比较少。Ravichandran 和 Subhash[33]理论分析了动态载荷下裂纹的起裂情况。Wright 和 Ravichandran[34]研究了压缩冲击波对脆性材料的断裂破坏过程。Lee 和 Ravichandran[35]采用光弹试验对含不同摩擦系数预制裂纹面和有无侧向约束的试件在动态冲击载荷下翼裂纹的起裂和破坏情况进行了研究。印度学者 Bhandari 和 Badal[36]在试验室进行了含节理岩体在爆炸载荷下破坏的小模型试验研究，对不同倾角的单节理面和多炮孔与节理面之间的关系进行了探讨，发现节理面对爆破效果影响显著。杨仁树等人[37~39]采用焦散线试验方法对含节理、层理等不同缺陷形式的 PMMA 试件在爆破载荷下的破坏形式进行了研究，分析了含缺陷介质在爆炸载荷下的断裂行为。

在采用数值分析方法对含缺陷岩体在爆炸载荷下的动态响应问题进行分析方面，Zhu 和 Mohanty[40]采用 AUTODYN-2D 软件，模拟了节理的位置、宽度和节理内的充填材料对岩体的爆破破坏效应的影响，朱哲明[41]还对爆炸荷载下含缺陷岩体采用接触爆破模型，对缺陷为孔洞、孔隙和微小的张开型节理时的破坏进行模拟分析。Ma 和 An[24] 采用数值软件 LS-DYNA 模拟了节理对岩体爆炸断裂的影响作用。Wang 和 Konietzky[25, 42] 采用有限元（LS-DYNA）和离散元（UDEC）相结合的方法，计算分析了含节理和层理岩体在爆炸载荷下的动态断裂破坏过程，对不同层理角度、刚度和层理面摩擦系数等对岩体的破坏效果进行了分析。Ning 和 Yang[43] 采用非连续变形分析方法（DDA）对含节理岩体在爆炸载荷下的破坏形式进行了数值分析。这些数值模拟都得到了与试验现象吻合的结果。

　　综上所述，现有的关于深部岩体在静态地应力和爆炸载荷组合作用下断裂破坏的研究结论都集中在定性得到静态地应力影响着爆生应力波的传播，对爆生裂纹具有导向作用（裂纹优先向最大地应力方向扩展）。但是，关于静态应力场对应力波传播和裂纹扩展路径、速度等的具体作用和影响程度的研究涉及较少。同时，关于含缺陷岩体在静态地应力和动态载荷组合作用方面的断裂破坏模式和规律尚不明确。

　　鉴于此，本书通过试验方法就以下几个问题进行深入研究：（1）在动静载荷组合作用下，动静组合应力场是否符合静态应力和动态应力的叠加原理；（2）在裂纹的扩展过程中，其扩展行为（路径、速度等）与静态应力场是什么关系，即静态应力场对裂纹扩展行为的影响效应；（3）在翼裂纹的起裂过程中，静态应力场对裂纹尖端的应力集中的影响，即裂纹的起裂角度与静态应力场的关系。上述几个问题的研究，将有助于揭示深部高应力岩体爆破的断裂力学机理。进而，研究了高应力岩体中的光面爆破、预裂爆破和定向断裂爆破。为工程现场开发高应力岩体爆破新技术和优化爆破参数设计和施工提供科学指导，提高我国深部岩体爆破施工水平，促进我国深地资源开发技术取得进步。

参 考 文 献

[1] 谢和平. "深部岩体力学与开采理论" 研究构想与预期成果展望 [J]. 工程科学与技术, 2017, 49（2）: 1-16.

[2] 蔡美峰, 薛鼎龙, 任奋华. 金属矿深部开采现状与发展战略 [J]. 工程科学学报, 2019, 41（4）: 417-426.

[3] 杨建华. 深部岩体开挖爆破与瞬态卸荷耦合作用效应 [D]. 武汉: 武汉大学, 2014.

[4] Kutter H K, Fairhurst C. On the fracture process in blasting [J]. Int. J. Rock Mech. Min. Sci, 1971, 8: 181-202.

[5] Rossmanith H P, Knasmillner R E, Daehnke A, et al. Wave propagation, damage evolution, and dynamic fracture extension. Part Ⅱ. Blasting [J]. Materials Science, 1996, 32（4）: 403-410.

[6] Lu W, Chen M, Geng X, et al. A study of excavation sequence and contour blasting method for

underground powerhouses of hydropower stations［J］. Tunnelling and Underground Space Tech-nology, 2012, 29: 31-39.

［7］ 刘殿书, 王万富, 杨昌俊. 初始应力条件下爆破机理的动光弹试验研究［J］. 煤炭学报, 1999, 24 (6): 612-614.

［8］ 肖正学, 张志呈, 李端明. 初始应力场对爆破效果的影响［J］. 煤炭学报, 1996, 21 (5): 497-501.

［9］ 谢源, 刘庆林. 附加载荷下介质爆破特性的全息动光弹试验［J］. 工程爆破, 2000, 2: 11-13.

［10］ 高全臣, 赫建明, 冯贵文, 等. 高应力岩巷的控制爆破机理与技术［J］. 爆破, 2003, 20 (S): 52-55.

［11］ 戴俊. 深埋岩石隧洞的周边控制爆破方法与参数确定［J］. 爆炸与冲击, 2004, 24 (6): 493-498.

［12］ 戴俊, 钱七虎. 高地应力条件下的巷道崩落爆破参数［J］. 爆炸与冲击, 2007, 27 (3): 272-276.

［13］ 杨立云, 杨仁树, 许鹏, 等. 初始压应力场对爆生裂纹行为演化效应的试验研究［J］. 煤炭学报, 2013, 38 (3): 404-410.

［14］ Yang Liyun, Yang Renshu, Qu Guanglong, et al. Caustic study on blast-induced wing crack behaviors in dynamic-static superimposed stress field［J］. International Journal of Mining Science & Technology, 2014, 24 (4): 417-423.

［15］ Grady D E, Kipp M E. Continum modeling of explosive fracture in oil shale［J］. Int. J. Rock Mech. Min. Sci., 1980, 17: 147-157.

［16］ Donze F V, Bouchez J, Magnier S A. Modeling fractures in rock blasting［J］. Int. J. Rock Mech. Min. Sci., 1997, 34: 1153-1163.

［17］ Ma G W, Hao H, Zhou Y X. Modeling of wave propagation induced by underground explosion ［J］. Comput. Geotech., 1998, 22: 283-303.

［18］ Cho S H, Kaneko K. Influence of the applied pressure waveform on the dynamic fracture proces-ses in rock［J］. Int. J. Rock Mech. Min. Sci., 2004, 41: 771-784.

［19］ Wang G, Al-Ostaz A, Cheng A D, et al. Hybrid lattice particle modeling of wave propagation induced fracture of solids［J］. Computer Methods in Applied Mechanics and Engineering, 2009, 199 (1): 197-209.

［20］ Dehghan Banadaki M M, Mohanty B. Numerical simulation of stress-wave induced fractures in rock［J］. International Journal of Impact Engineering, 2012, 40 (41): 16-25.

［21］ Hamdi E, Romdhane N B, Le Cléac'h J M. A tensile damage model for rocks: Application to blast induced damage assessment［J］. Computers and Geotechnics, 2011, 38 (2): 133-141.

［22］ Onederra I A, Furtney J K, Sellers E, et al. Modelling blast induced damage from a fully cou-pled explosive charge［J］. International Journal of Rock Mechanics and Mining Sciences, 2013, 58: 73-84.

［23］ Saiang D. Stability analysis of the blast-induced damage zone by continuum and coupled continuum-discontinuum methods [J]. Engineering Geology, 2010, 116 (1): 1-11.

[24] Ma G W, An X M. Numerical simulation of blasting-induced rock fractures [J]. International Journal of Rock Mechanics & Mining Sciences, 2008, 45: 966-975.

[25] Wang Z L, Konietzky H. Modelling of blast-induced fractures in jointed rock masses [J]. Engineering Fracture Mechanics, 2009, 76 (12): 1945-1955.

[26] 谢瑞峰. 深井高应力围岩松动爆破机理研究 [D]. 淮南: 安徽理工大学, 2010.

[27] 王长柏, 李海波, 谢冰, 等. 岩体爆破裂纹扩展影响因素分析 [J]. 煤炭科学技术, 2010, 10 (38): 31-34.

[28] Cundall P A. Numerical modelling of jointed and faulted rock [M] //Rossmanith H. P. Mechanics of Jointed and Faulted Rock. Rotterdam: AA Balkema, 1990.

[29] Ashby M F, Sammis C G. The damage mechanics of brittle solids in compression [J]. Pure Appled Geophys 1990, 133: 489-521.

[30] Horii H, Nemat-Nasser S. Brittle failure in compression: splitting, faulting and ductile-brittle transition [J]. Philos. Trans. R. Soc. London, 1986, 319: 337-374.

[31] Lehner F, Kachanov M. On modeling of wing cracks under compression [J]. Int. J. Fract. 1996, 77: 69-75.

[32] 李世愚, 和泰名, 尹祥础. 岩石断裂力学导论 [M]. 合肥: 中国科学技术大学出版社, 2010.

[33] Ravichandran G, Subhash G. A micromechanical model for high strain-rate behavior of ceramics [J]. Int. J. Solids Struct. 1995, 32: 2627-2646.

[34] Wright T W, Ravichandran G. On shock induced damage in ceramics [M].// Batra R. C., Beatty M. F. Contemporary Research in the Mechanics and Mathematics of Materials. Barcelona, Spain: CIMNE, 1996.

[35] Lee S, Ravichandran G. An investigation of cracking in brittle solids under dynamic compression using photoelasticity [J]. Optics and Lasers in Engineering, 2003, 40: 341-352.

[36] Bhandari S, Badal R. Post-blast studies of jointed rocks [J]. Engineering Fracture Mechanics, 1990, 35 (1): 439-445.

[37] 杨仁树, 杨立云, 岳中文. 爆炸载荷下缺陷介质裂纹扩展的动焦散试验 [J]. 煤炭学报, 2009, 34 (2): 187-192.

[38] 杨仁树, 岳中文, 肖同社, 等. 节理介质断裂控制爆破裂纹扩展的动焦散试验研究[J]. 岩石力学与工程学报, 2008, 27 (2): 244-250.

[39] 杨仁树, 牛学超, 商厚胜, 等. 爆炸应力波作用下层理介质断裂的动焦散试验分析[J]. 煤炭学报, 2005 (1): 36-39.

[40] Zhu Z, Mohanty B, Xie H. Numerical investigation of blasting-induced crack initiation and propagation in rocks [J]. International Journal of Rock Mechanics and Mining Sciences, 2007, 44 (3): 412-424.

[41] 朱哲明, 李元鑫, 周志荣, 等. 爆炸荷载下缺陷岩体的动态响应 [J]. 岩石力学与工程学报, 2011, 30 (6): 1157-1167.

[42] Wang Z L, Konietzky H, Shen R F. Coupled finite element and discrete element method for un-derground blast in faulted rock masses [J]. Soil Dynamics and Earthquake Engineering, 2009, (29): 939-945.

[43] Ning Y, Yang J, An X, et al. Modelling rock fracturing and blast-induced rock mass failure via advanced discretisation within the discontinuous deformation analysis framework [J]. Computers and Geotechnics, 2011, 38 (1): 40-49.

2　试验技术与设备

2.1　概述

"工欲善其事，必先利其器"，为了更好地开展高应力岩体爆破断裂机理的试验，需要在试验技术和设备方面进行创新。本章首先介绍了模型试验中的爆炸加载技术，通过自主设计和设备改造，实现对模型试件施加稳定的拉伸载荷和压缩载荷，这是开展高应力岩体爆破试验的基础。随后，介绍动态焦散线方法和据此建立的数字激光动态焦散线试验系统，阐述数字图像相关方法和据此建立的超高速数字图像相关试验系统，这两种试验方法和系统是开展高应力岩体爆破试验研究的核心技术。最后简单介绍爆破数值模拟技术。

2.2　动静组合加载系统

动静组合加载系统实现了动态和静态载荷的同时施加，满足了动静应力的耦合。其中，动态载荷主要是爆炸加载，静态载荷包括压缩载荷和拉伸载荷。因此，在后续章节中分别介绍的试验既包括爆炸与压缩载荷耦合作用下的试验又包括爆炸与拉伸载荷耦合作用下的试验。

2.2.1　爆炸加载

在试验室进行爆炸模型试验时，通常采用敏感度较高的单质猛炸药叠氮化铅（PbN_6）。叠氮化铅的相关性能参数为：爆容 308L/kg，爆热 1524kJ/kg，爆温 3050℃，爆速 4478m/s。试验时，首先将药包置于模型试件上的炮孔中，然后将模型试件安放在加载架上，炮孔两侧用铁质夹具固定夹紧，如图 2-1 所示。通过在炮孔中插入一根探针起爆线，探针与高压发炮器相连，利用发炮器高压放电产生的火花引爆炸药。高压发炮器还与顺序触发装置相连，通过顺序触发装置可以实现多个炮孔的精确顺序微差或同时起爆，最小起爆时间间隔为 1μs。由于试验过程的瞬时性，为了记录下爆炸和试件破坏现象，常使用高速相机甚至超高速相机与同步触发等装置。

在进行爆炸模型试验时，预先设置好起爆顺序和间隔时间，然后对高压发炮器充电，当充电完成后，启动顺序触发开关，高压发炮器将按照预设顺序和时间对药包进行起爆。另外，启动顺序触发开关的同时，通过触发线给相机一个外触

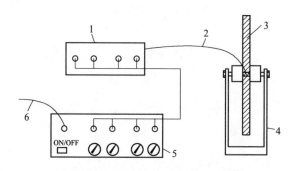

图 2-1 爆炸加载系统
1—高压发炮器；2—起爆线；3—试件；4—夹具；
5—顺序触发装置；6—触发相机线

发信号，相机亦启动拍摄功能，完成对爆炸事件的采集和记录。另外，由于炸药爆炸时会产生炮烟，影响相机的拍摄效果。因此，试验中采用导烟管来减轻炮烟对试验拍摄效果的影响。另外，为防止爆炸产生的碎片飞溅造成对试验室人员和物品的损坏，在模型两侧经常各放置一块钢化玻璃板作防护。

2.2.2 压缩载荷施加

压缩载荷试验包括平面和立体两种物理模型。为使得试件处于较高的压缩应力状态，故设计了如图 2-2 所示的静态压应力加载装置。液压千斤顶施加的压力通过反力架（刚度很大）转化为均布应力作用于试件上部边界，应力传感器可以实时读取液压千斤顶的压力，并经过换算得到施加在试件上的静态压应力。

对于平面模型试验，如图 2-2 所示的支撑结构保证了试件在较高的静态压应力作用下仍能保持稳定，这对试验的顺利实施十分关键。如图 2-3 所示为加载装置支撑结构的组装示意图。将试件插入支撑结构的槽腔中，推动滑块 A 和滑块 B 至与试件接触，为减小加载过程中试件与支撑结构之间的摩擦

图 2-2 静态压应力加载装置
1—反力架；2—应力传感器；3—千斤顶；
4—试件；5—夹具；6—支撑结构

阻力，保证静态应力在试件内部的均匀分布，在试件与支撑结构接触的部位涂抹润滑油，再拧紧滑块螺栓使其轻压并固定试件。值得注意的是，当试件被固定

后，需要保证能够较为轻松地将试件从支撑结构中抽离出来，证明试件被稳定固定时，试件与支撑结构之间的摩擦阻力可以忽略。需要在此指出的是，本书试验中所有试件的静态压缩应力均由该加载装置施加，模拟深部高应力状态。

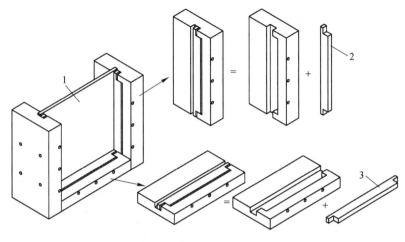

图 2-3　支撑结构组装示意图
1—试件；2—滑块 A；3—滑块 B

对于立体模型试验，仍采用上述加载架，但不再采用上述支撑结构，通过设计加工其他类型的支撑结构，可以实现对三维模型试件（如石膏立方体试件）施加均匀布面荷载，保证三维模型试验的顺利实施。

2.2.3　拉伸载荷施加

拉伸载荷试验由如图 2-4 所示的 MTS 的 CMT5305 微机控制电子万能试验机施加。该试验机可用于金属、非金属材料的拉伸、压缩、弯曲等力学性能测试分析研究，具有应力、应变、位移三种闭环控制方式，可求出最大力、抗拉强度、弯曲强度、压缩强度、弹性模量、断裂延伸率、屈服强度等参数，满足 GB 及 ISO、JIS、ASTM、DIN 等国内国际标准进行试验和提供检测数据。该试验机部分参数如下。

最大试验力：300kN

试验力分辨力：最大试验力的 $1/\pm300000$（全程分辨力不变）

大变形测量范围：10~800mm

位移分辨力：0.015μm

横梁速度调节范围：0.001~250mm/min

有效拉伸空间（带夹具）：540mm

有效试验宽度：590mm

主机外形尺寸（长×宽×高）：1090mm×650mm×2530mm

为了给平面试件施加稳定的拉伸载荷，采用如图 2-5 所示的平板拉伸夹具，平面试件一端固定，另一端施加竖向的单轴拉伸荷载。试验过程中，由 MTS 试验机控制和记录拉伸载荷幅值。

图 2-4   CMT5305 试验机

图 2-5   平板拉伸夹具

1—MTS 试验机；2—应力传感器；3—拉伸端夹板；
4—试件；5—炮孔夹具；6—固定端夹板

2.3   动态焦散线试验方法

近几十年来，随着科学技术的迅速发展，工程断裂力学中的各种光学试验方法，如光弹性法、云纹法、全息干涉法、散斑法等，得到了广泛的应用，但是由于裂纹尖端的奇异性，导致在这些试验应力分析时遇到困难，得到的光学图像模糊，无法分离出裂纹尖端高应变区中有价值的信息。焦散线法在解决裂纹尖端的奇异性问题方面具有很大的优越性。该法测试技术简单、精度高，可以确定关于时间、裂纹长度、裂纹传播速度和其他因素的函数的动态应力强度因子，成为宏观断裂参数测量的有效手段，而且这一方法被公认为目前精度较高的试验方法。

焦散线试验方法最早由 Manogg[1] 在 1964 年提出，但当时并没有引起人们的重视。直到 1970 年，Theocaris[2] 开始用这一方法确定裂纹尖端附近塑性区的尺寸和裂纹尖端的位置及应力强度因子，使焦散线方法日臻完善，逐渐引起了人们的兴趣。Theocaris[3]在 1971 年又提出了反射式焦散线法，使这一方法可用于研究金属等非透明材料的断裂力学性能和裂纹扩展过程。1981 年，Theocaris[4]又将反射式焦散线法从用于测定 I 型和 II 型应力强度因子，推广到可用于测定 III 型应力强度因子。把焦散线方法应用到动态断裂力学问题的研究最早由 Kalthoff[5]从 1976 年开始的，并从此引起了人们对动态焦散线方法研究动态断裂问题的极大兴趣。国内学者也开展了大量动态焦散线试验研究，其中苏先基[6]发展了采用沙丁（Cranz-Scharding）高速相机的动态焦散线试验系统，为国内学者进行焦散线试验研究提供了试验设备，大大推动了焦散线试验在国内的发展。杨仁树[7]将焦散线方法用于处理爆炸载荷下的超动态断裂问题，建立了爆炸加载焦散线试验系统，围绕控制爆破和爆破机理等问题进行了大量爆炸载荷下裂纹扩展的试验研究。利用动焦散方法研究动态断裂问题潜力很大，意义深远。

2.3.1 焦散线的物理原理

固体中的应力会改变固体的光学性能。由于泊松效应，拉应力会使物体的厚度减小，物体受拉时变成光疏材料，其折射率也会减小；对压应力情况则相反。焦散线方法就是根据这些光学性质的变化来直观显现固体中的应力分布状态。

如图 2-6 所示，当一束平行光 r_1 照射到一个平面透明模型上时，根据几何光学的原理，光线在模型的前、后表面都将发生反射和折射，分别形成光线 r_2，r_3，…，r_7。在焦散线试验中只关心从模型前、后表面出射的光线 r_2、r_5 和 r_7，并分别用 r_f 表示前表面反射光，r_t 表示透射光，r_r 表示后表面反射光。它们都可以分别形成自己的焦散线。这里考虑由透射光 r_t 形成的焦散线。

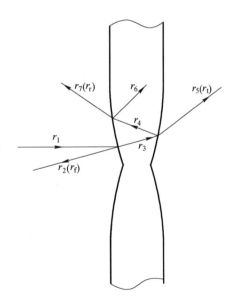

图 2-6　固体中的光线

焦散线的成像原理如图 2-7 所示。由于在奇异区附近，当构件受到荷载时，模型的厚度和模型材料折射率发生显著的变化。如果模型的变形满足一定的条件，就形成类似于凸（透）镜或凹（透）镜的效果，从而使模型前后表面出射的光偏离平行状态，并在空间形成一个三维包络面，它与出射光线或其反向延长线相切，这个包络面就是焦散曲面（caustic surface）。如果在距离模型 z_0 处放置一个与模型平面平行的参考面，就可以直接观察到焦散曲面的横断面，也可以用相机聚焦到这个平面进行拍摄。在这个横断面图像中，包围着一个没有光线的暗区，这条亮线就是焦散曲线（caustic curve），暗区就是焦散斑。

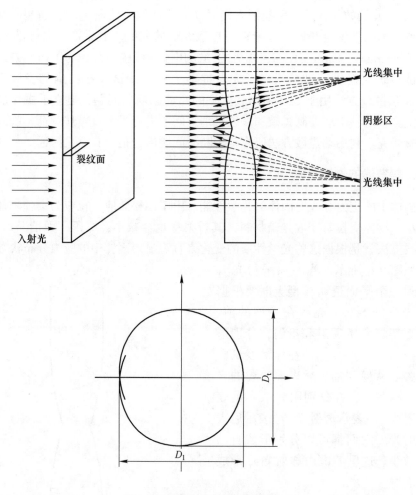

图 2-7　焦散线成像原理示意图

　　为了叙述上的方便，我们让一块带裂纹的平板受到拉应力作用。在拉应力的作用下，平板裂纹附近的厚度以及材料的折射率发生变化，这两种变化都对光线的偏转具有相同的作用。如果一束平行光垂直入射到平板的左侧，光线透过平板无变形部分后没有偏转。但在平板的裂纹附近，光线发生偏转。因此，在试件后面（即试件右侧）的任意平面（像平面或者参考平面）内，光强分布不再是均匀的。某些光线照射不到的区域变暗，而另一些区域由于光强加倍而亮度倍增。在参考屏上可以直观显现出光强分布情况，得到的图像就是平板内应力分布的定量描述。通过透射或者反射等不同方式，可以以实像或虚像的形式观察到焦散线的分布。

在像平面内形成焦散线的特殊光线被称为初始光线，它与物平面（试件）的所有交点组成的轨迹线被称为初始曲线。像平面上的焦散线就是物平面上初始曲线的直接映射。在成像理论的数学描述中初始曲线到焦散线的映射，一般来说是不可逆的，它并不代表一种一一对应的关系。

当模型的变形和距离 z_0 给定以后，焦散线的形状和尺寸也就唯一确定了；反过来当 z_0 给定，通过测量焦散线的形状和特征尺寸，就可以得出模型的应力集中状态的特征参量。

2.3.2 焦散线的数学描述

如图 2-8 所示，一束平行入射光将物平面 E 映射到参考平面 E'。示意图所表示的是透射情况，但是下面的定量描述普遍适用于所有的应力集中问题和观察方式。在物平面内使用直角坐标系 (x, y) 和极坐标系 (r, φ)，在参考平面使用 (x', y') 和 (r', φ')，以拉应力为正，压应力为负。考虑一条通过物平面 E 中 P 点的光线，P 点与坐标系原点 O 的距离为 r。当试件未受载荷作用时，光线通过物平面不会有任何偏转，投射在参考平面 E' 上距离坐标系原点 O 为 $r_{nd} = r$ 的 P'_{nd} 点上。而当试件受到载荷作用，应力分布又不均匀时，构件的厚度和材料折射率发生非均匀变化，从而使构件出射的光线发生偏转。于是从 E 平面 P 点出射的光线，不再射到平面 E' 的 P'_{nd} 点上，而是射到平面 E' 的 P' 点上，它与原点的距离为 r'，偏离原像点的距离为 w。则 P' 点距离原点为

$$r' = \lambda_m r + w \tag{2-1}$$

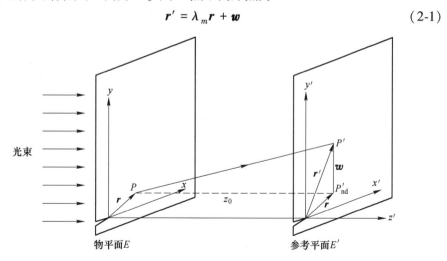

图 2-8 映射关系所表示的光学变换示意图

式中，λ_m 是光学系统的放大倍数；w 是位移向量，它的大小和方向取决于光线通过物平面所产生的光程差 Δs。Δs 是由试件厚度和材料折射率的变化引起的光程改变。

根据光程函数理论，w 的表达式为

$$w = - z_0 \mathrm{grad} \Delta s(r, \varphi) \tag{2-2}$$

则

$$r' = \lambda_m r - z_0 \mathrm{grad} \Delta s(r, \varphi) \tag{2-3}$$

式（2-3）即为映射方程。由于焦散线上的点是由无数条光线汇聚而成，所以焦散线是一条奇异曲线。根据衍射理论，产生奇异性的充分必要条件是映射方程的 Jacobian 行列式为零，即

$$J = \left| \frac{\mathrm{d}r'}{\mathrm{d}r} \right| = \begin{vmatrix} \dfrac{\partial x'}{\partial x} & \dfrac{\partial x'}{\partial y} \\ \dfrac{\partial y'}{\partial x} & \dfrac{\partial y'}{\partial y} \end{vmatrix} = 0 \tag{2-4}$$

将式（2-3）代入式（2-4），就可以得到焦散线的初始曲线方程

$$\lambda_m^2 + \lambda_m z_0 \left(\frac{\partial^2 \Delta s}{\partial x^2} + \frac{\partial^2 \Delta s}{\partial y^2} \right) + z_0^2 \left[\frac{\partial^2 \Delta s}{\partial x^2} \frac{\partial^2 \Delta s}{\partial y^2} - \left(\frac{\partial^2 \Delta s}{\partial x \partial y} \right)^2 \right] = 0 \tag{2-5}$$

尽管初始曲线与焦散线上的点，并不存在一一对应的关系。但是，只有初始曲线上的点才映射到焦散线上，在初始曲线内部和外部的点都将映射到焦散线之外，从而形成一条亮线围着一个暗区的图形。

上述推导虽是对透射情况的实像进行的（z_0 为负），但这些结果对虚像，或前、后表面反射的情况也是适用的，只是需要注意 z_0 的正负号和相应的光程差 Δs。

2.3.3 光程差与主应力的关系

假定光线近似垂直入射，忽略斜射对成像的影响；试件的前后表面在变形前是相互平行的，变形后与中面保持对称。以下推导是针对透射情况的。

光程差 Δs 由模型厚度和模型材料折射率的变化决定。对于一表面平行的平板，有如下关系式

$$\Delta s = (n - 1) \Delta d_{\mathrm{eff}} + d_{\mathrm{eff}} \Delta n \tag{2-6}$$

式中，d_{eff} 为板的有效厚度，对于透明材料，板的有效厚度即为板的实际厚度；n 为材料的折射率；Δn 为折射率变化值。

按照 Maxwell-Neumann 定律，折射率的变化 Δn 与主应力 σ_1、σ_2、σ_3 的关系可表达为

$$\Delta n_1 = A \sigma_1 + B(\sigma_2 + \sigma_3)$$

$$\Delta n_2 = A\sigma_2 + B(\sigma_1 + \sigma_3) \tag{2-7}$$

式中，A、B 为材料绝对应力光学系数。对于光学各向同性且无双折射性质的材料，$A=B$ 且 $\Delta n_1 = \Delta n_2 = \Delta n$。

根据虎克定律，Δd_{eff} 与主应力之间的关系是

$$\Delta d_{\text{eff}} = \left[\frac{1}{E}\sigma_3 - \frac{\mu}{E}(\sigma_1 + \sigma_2) \right] d_{\text{eff}} \tag{2-8}$$

式中，平面应力时 $\sigma_3 = 0$；平面应变时 $\Delta d_{\text{eff}} = 0$；$E$ 为杨氏模量；μ 为泊松比。

根据式 (2-7) 和式 (2-8)，可将式 (2-6) 写成

$$\Delta s_1 = d_{\text{eff}}(a\sigma_1 + b\sigma_2)$$

$$\Delta s_2 = d_{\text{eff}}(a\sigma_2 + b\sigma_1) \tag{2-9}$$

其中平面应力时，有如下关系

$$a = A - (n - 1)\mu/E$$

$$b = B - (n - 1)\mu/E \tag{2-10}$$

平面应变时，有如下关系

$$a = A + \mu B$$

$$b = B + \mu B \tag{2-11}$$

由此，方程 (2-9) 可以整理为以主应力之和与主应力之差表示的简洁形式

$$\Delta s_{1,2} = cd_{\text{eff}}[(\sigma_1 + \sigma_2) \pm \xi(\sigma_1 - \sigma_2)] \tag{2-12}$$

其中平面应力时，有如下关系

$$c = \frac{A + B}{2} - \frac{(n - 1)\mu}{E}$$

$$\xi = \frac{A - B}{A + B - 2(n - 1)\mu/E} \tag{2-13}$$

平面应变时，有如下关系

$$c = \frac{A + B}{2} + \mu B$$

$$\xi = \frac{A - B}{A + B + 2\mu B} \tag{2-14}$$

常数 c 表示在一定应力条件下对某一特定材料所得到的光程差，所以常数 c 是对最终形成的焦散效应的一个定量度量，称为焦散光学常数。系数 ξ 表示材料的各向异性效应（$A \neq B$）对光程差的影响，各向同性材料的 ξ 值为 0。于是式 (2-12) 简化为

$$\Delta s = cd_{\text{eff}}(\sigma_1 + \sigma_2) \tag{2-15}$$

式 (2-3) 和式 (2-12) 描述了对任意应力分布 $\sigma_{1,2}(\mu, \varphi)$ 都适用的从物

平面到像平面的映射过程。对于特定的应力集中问题，只要把相应的应力分布公式代入一般方程（2-12），进而代入式（2-3）就可以得到相应的映射方程。

以上的推导是针对透射情况的，对于前表面反射和后表面反射情况也是适用的，只是针对不同的情况，c 值分别用 c_f、c_r 和 c_t 代替，它们的值分别是

$$c_f = -\mu/E$$
$$c_r = 2A - (2n-1)\mu/E \qquad\qquad (2\text{-}16)$$
$$c_t = A - (n-1)\mu/E$$

2.3.4 裂纹尖端的焦散线

焦散线方法主要应用于断裂力学领域应力奇异区的测量，因而裂纹尖端附近区域的焦散线理论发展得最为完善。本节将对应力强度因子的求解过程作详细分析。

2.3.4.1 断裂模式与应力强度因子

平板中穿透裂纹所承受的载荷有三种基本形式，即拉伸载荷（Ⅰ型-张开型），面内剪切载荷（Ⅱ型-剪切型）和离面剪切载荷（Ⅲ型-撕裂型），如图2-9所示。任何其他载荷条件都可以表示成这三种基本载荷形式的叠加。基于这三种基本载荷，材料断裂模式也可以划分为Ⅰ型断裂、Ⅱ型断裂和Ⅲ型断裂。

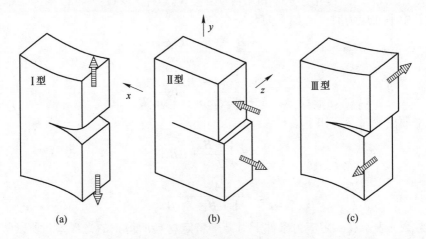

图 2-9 裂纹尖端载荷的基本形式

（a）拉伸（Ⅰ型）；（b）面内剪切（Ⅱ型）；（c）离面剪切（Ⅲ型）

下面给出上述三种载荷条件下裂纹尖端附近区域的应力场分布及位移场分布表达式。

I 型：

$$\begin{cases}
\sigma_r = \dfrac{K_I}{\sqrt{2\pi r}}\dfrac{1}{4}\left(5\cos\dfrac{\varphi}{2} - \cos\dfrac{3\varphi}{2}\right) \\[2mm]
\sigma_\varphi = \dfrac{K_I}{\sqrt{2\pi r}}\dfrac{1}{4}\left(3\cos\dfrac{\varphi}{2} + \cos\dfrac{3\varphi}{2}\right) \\[2mm]
\tau_{r\varphi} = \dfrac{K_I}{\sqrt{2\pi r}}\dfrac{1}{4}\left(\sin\dfrac{\varphi}{2} - \cos\dfrac{3\varphi}{2}\right) \\[2mm]
\sigma_z = \gamma(\sigma_r + \sigma_\varphi) \\[2mm]
\tau_{rz} = \tau_{\varphi z} = 0 \\[2mm]
u = \dfrac{K_I}{G}\sqrt{\dfrac{r}{2\pi}}\left[\cos\dfrac{\varphi}{2}\left(1 - 2\gamma + \sin^2\dfrac{\varphi}{2}\right)\right] \\[2mm]
v = \dfrac{K_I}{G}\sqrt{\dfrac{r}{2\pi}}\left[\sin\dfrac{\varphi}{2}\left(2 - 2\gamma - \cos^2\dfrac{\varphi}{2}\right)\right] \\[2mm]
w = 0
\end{cases} \tag{2-17}$$

II 型：

$$\begin{cases}
\sigma_r = \dfrac{K_{II}}{\sqrt{2\pi r}}\dfrac{1}{4}\left(-5\sin\dfrac{\varphi}{2} + 3\sin\dfrac{3\varphi}{2}\right) \\[2mm]
\sigma_\varphi = \dfrac{K_{II}}{\sqrt{2\pi r}}\dfrac{1}{4}\left(-3\sin\dfrac{\varphi}{2} - 3\sin\dfrac{3\varphi}{2}\right) \\[2mm]
\tau_{r\varphi} = \dfrac{K_{II}}{\sqrt{2\pi r}}\dfrac{1}{4}\left(\cos\dfrac{\varphi}{2} + 3\cos\dfrac{3\varphi}{2}\right) \\[2mm]
\sigma_z = \gamma(\sigma_r + \sigma_\varphi) \\[2mm]
\tau_{rz} = \tau_{\varphi z} = 0 \\[2mm]
u = \dfrac{K_{II}}{G}\sqrt{\dfrac{r}{2\pi}}\left[\sin\dfrac{\varphi}{2}\left(2 - 2\gamma + \cos^2\dfrac{\varphi}{2}\right)\right] \\[2mm]
v = \dfrac{K_{II}}{G}\sqrt{\dfrac{r}{2\pi}}\left[\cos\dfrac{\varphi}{2}\left(-1 + 2\gamma + \sin^2\dfrac{\varphi}{2}\right)\right] \\[2mm]
w = 0
\end{cases} \tag{2-18}$$

III 型：

$$\begin{cases}
\sigma_x = \sigma_y = \sigma_z = 0 \\[2mm]
\tau_{xy} = 0 \\[2mm]
\tau_{xz} = -\dfrac{K_{III}}{\sqrt{2\pi r}}\sin\dfrac{\varphi}{2} \\[2mm]
\tau_{yz} = \dfrac{K_{III}}{\sqrt{2\pi r}}\cos\dfrac{\varphi}{2} \\[2mm]
u = v = 0 \\[2mm]
w = \dfrac{K_{III}}{G}\sqrt{\dfrac{r}{2\pi}}\sin\dfrac{\varphi}{2}
\end{cases} \tag{2-19}$$

式中，G 是材料的剪切模量，$G = E/[2(1 + \gamma)]$；u、v 和 w 分别是 x、y 和 z 方向的位移；K_{I}、K_{II} 和 K_{III} 分别是 I 型，II 型和 III 型的应力强度因子。I 型和 II 型方程中的应力 σ_z 和位移 u，v 是对平面应变而言的。如果令 $\sigma_z = 0$ 且用 $\gamma/(1 + \gamma)$ 代替 γ，则方程中的 u 和 v 就是平面应力情况下的值。

由式（2-17）~式（2-19）可以看出，应力场分量和位移场分量均与应力强度因子成正比。当应力强度因子增大时，裂纹尖端附近各点的应力分量、位移分量成正比的增大。因此，应力强度因子是裂纹尖端场（应力场、位移场）的表征，它是控制裂纹尖端应力场强度的重要参数。应力强度因子 K_{I}、K_{II} 和 K_{III}，均与裂纹尖端附近区域内点的坐标 (r, φ) 无关，它决定于裂纹体的形状、裂纹的尺寸和方向、外载荷的大小和作用方向等。

对上述应力分量表达式作进一步分析后便可以看出，在裂纹尖端处 $(r = 0)$，各应力分量 σ_r、σ_φ、$\tau_{r\varphi}$ 等都趋于无穷大。这就表明，裂纹尖端是一个奇异点。从这个意义上说，应力强度因子是裂纹尖端应力场的奇异性强度。由于在裂纹尖端存在的应力奇异性，因此，当带有裂纹的结构受到载荷作用时（不管这个载荷的值有多大），裂纹尖端的应力就会达到很大的值，在理论上可以达到无限大。但是，根据常规的强度准则，当结构最大应力值达到材料的屈服极限或强度极限时，结构就要被破坏。这就表明，若从常规强度观点来看，当结构内部一有裂纹时，其承载能力就将完全丧失。换言之，它就不再具有强度了。显然，这一结论是与实际情况不相符合的。恰恰相反，裂纹尖端的应力奇异性正好说明了在有裂纹的情况下，常规的强度准则已不再适用，即再也不能用应力值的大小来衡量材料的受载程度和极限状态了。

既然应力强度因子是裂纹尖端应力场强度的度量，那么其表达式也将表明，随着载荷的增加，应力强度因子值也将随之增大。因此可以推断，当载荷增大到某一临界值时，结构就将发生破坏（裂纹扩展、贯通）。此时，裂纹尖端的应力强度因子也达到某一临界值 K_{cr}。这样，对于含裂纹的结构来说，其强度准则就应该是 $K < K_{\mathrm{cr}}$。试验也证实了这一推断的正确性。这就表明，对于带裂纹的结构来说，其受载程度和极限状态再也不能用应力这个量来表征了，而必须代之以应力强度因子。这种以应力强度因子建立的断裂判据称为应力强度因子断裂理论。

2.3.4.2　I 型、II 型和 III 型裂纹的焦散线

将上述的这些应力分布表达式分别代入有关光程差的方程（2-12）和映射方程（2-3）中，就可以得到三种断裂模式下焦散线的映射方程。为简单起见，这里只给出光学各向同性材料的情况，这时 $\lambda = 0$，可得到

Ⅰ型：

$$\begin{cases} x' = \lambda_m r\cos\varphi + \dfrac{K_I}{\sqrt{2\pi}} z_0 c d_{eff} r^{-3/2} \cos\dfrac{3\varphi}{2} \\[3mm] y' = \lambda_m r\sin\varphi + \dfrac{K_I}{\sqrt{2\pi}} z_0 c d_{eff} r^{-3/2} \sin\dfrac{3\varphi}{2} \end{cases} \tag{2-20}$$

Ⅱ型：

$$\begin{cases} x' = \lambda_m r\cos\varphi - \dfrac{K_{II}}{\sqrt{2\pi}} z_0 c d_{eff} r^{-3/2} \sin\dfrac{3\varphi}{2} \\[3mm] y' = \lambda_m r\sin\varphi + \dfrac{K_{II}}{\sqrt{2\pi}} z_0 c d_{eff} r^{-3/2} \cos\dfrac{3\varphi}{2} \end{cases} \tag{2-21}$$

Ⅲ型：

$$\begin{cases} x' = \lambda_m r\cos\varphi + 2\dfrac{K_{III}}{\sqrt{2\pi}} \dfrac{z_0}{G} r^{-1/2} \sin\dfrac{\varphi}{2} \\[3mm] y' = \lambda_m r\sin\varphi - 2\dfrac{K_{III}}{\sqrt{2\pi}} \dfrac{z_0}{G} r^{-1/2} \cos\dfrac{\varphi}{2} \end{cases} \tag{2-22}$$

令式（2-20）~式（2-22）这三个映射方程的 Jacobian 行列式为零，就可以得到这三种断裂模式下的初始曲线方程为

Ⅰ型：

$$r = \left[\frac{3}{2\lambda_m} \frac{K_I}{\sqrt{2\pi}} |z_0||c|d_{eff} \right]^{2/5} \equiv r_0 \tag{2-23}$$

Ⅱ型：

$$r = \left[\frac{3}{2\lambda_m} \frac{K_{II}}{\sqrt{2\pi}} |z_0||c|d_{eff} \right]^{2/5} \equiv r_0 \tag{2-24}$$

Ⅲ型：

$$r = \left[\frac{1}{\lambda_m} \frac{K_{III}}{\sqrt{2\pi}} \frac{|z_0|}{G} \right]^{2/3} \equiv r_0 \tag{2-25}$$

由上式可看出对于这三种情况，初始曲线都是以裂纹尖端为圆心以 r_0 为半径的圆。将这些初始曲线方程分别代入相应的映射方程（2-20）~方程（2-22），可以得到对应于这些初始曲线的焦散线方程为

Ⅰ型：

$$\begin{cases} x' = \lambda_m r_0 \left[\cos\varphi + \operatorname{sgn}(z_0 c) \dfrac{2}{3} \cos\dfrac{3\varphi}{2} \right] \\[3mm] y' = \lambda_m r_0 \left[\sin\varphi + \operatorname{sgn}(z_0 c) \dfrac{2}{3} \sin\dfrac{3\varphi}{2} \right] \end{cases} \tag{2-26}$$

Ⅱ型：

$$\begin{cases} x' = \lambda_m r_0 \left[\cos\varphi - \operatorname{sgn}(z_0 c) \dfrac{2}{3} \sin\dfrac{3\varphi}{2} \right] \\[3mm] y' = \lambda_m r_0 \left[\sin\varphi + \operatorname{sgn}(z_0 c) \dfrac{2}{3} \cos\dfrac{3\varphi}{2} \right] \end{cases} \tag{2-27}$$

Ⅲ型：

$$\begin{cases} x' = \lambda_m r_0 \left[\cos\varphi + \mathrm{sgn}(z_0 c) 2\sin\dfrac{\varphi}{2} \right] \\ y' = \lambda_m r_0 \left[\sin\varphi - \mathrm{sgn}(z_0 c) 2\cos\dfrac{\varphi}{2} \right] \end{cases} \quad (2\text{-}28)$$

表 2-1 分别给出了三种断裂模式下裂纹尖端的焦散线图形。不难看出，Ⅰ型焦散线关于 x 轴对称，而Ⅱ型和Ⅲ型焦散线是不对称的。

表 2-1　Ⅰ型、Ⅱ型和Ⅲ型裂纹尖端焦散线

Ⅰ型	Ⅱ型	Ⅲ型
P, RI, TA; P, VI, RA; N, VI, TA; N RI, RA	P, RI, TA; P, VI, RA; N, VI, TA; N RI, RA	P RI, RA；N, VI, RA
N, RI, TA; N, VI, RA; P, VI, TA; P RI, RA	N, RI, TA; N, VI, RA; P, VI, TA; P RI, RA	N RI, RA；P, VI, RA

　　注：P, N—拉伸、压缩载荷；RI, VI—实、虚像；TA, RA—透射、反射光路。

　　在图 2-7 中所定义的焦散线特征长度 D，与初始曲线半径 r_0 之间有如下的关系。

Ⅰ型：

$$\begin{cases} D_t = 3.17\lambda_m r_0 \\ D_1 = 3.00\lambda_m r_0 \end{cases} \quad (2\text{-}29)$$

Ⅱ型：

$$D = 3.02\lambda_m r_0 \quad (2\text{-}30)$$

Ⅲ型：

$$D = 4.50\lambda_m r_0 \quad (2\text{-}31)$$

将式 (2-29)~式 (2-31) 结果分别代入式 (2-23)~式 (2-25)，就可以得到

三种断裂模式下裂纹尖端应力强度因子的计算公式

$$\text{I 型：} K_I = \frac{2\sqrt{2\pi}}{3\ (3.17)^{5/2} z_0 c d_{\text{eff}} \lambda_m^{3/2}} D_t^{5/2} = \frac{2\sqrt{2\pi}}{3\ (3.00)^{5/2} z_0 c d_{\text{eff}} \lambda_m^{3/2}} D_l^{5/2} \tag{2-32}$$

$$\text{II 型：} \qquad\qquad K_{II} = \frac{2\sqrt{2\pi}}{3\ (3.02)^{5/2} z_0 c d_{\text{eff}} \lambda_m^{3/2}} D^{5/2} \tag{2-33}$$

$$\text{III 型：} \qquad\qquad K_{III} = \frac{\sqrt{2\pi}\ G}{(4.5)^{3/2} z_0 \lambda_m^{1/2}} D^{3/2} \tag{2-34}$$

根据以上关系式，在得到的焦散线上量测出其特征长度之后，就可以很方便地求得应力强度因子的数值。

对于 I 型和 II 型载荷共同作用的复合型裂纹，可由纯 I 型和纯 II 型的应力场方程，进而由其映射方程叠加得到。图 2-10 给出了几种不同比例的 $\mu = K_{II}/K_I$ 的焦散线。实际上，在 $\mu = 0$（纯 I 型）和 $\mu = \infty$（纯 II 型）之间的所有中间状态都是可能的。

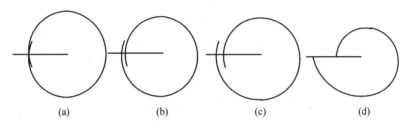

图 2-10　复合型裂纹尖端焦散线

（a）纯 I 型；（b）$\mu = 0.58$；（c）$\mu = 1$；（d）$\mu = \infty$

在图 2-11 中给出了 I-II 复合型焦散线两个直径 $D_{\max}$ 和 $D_{\min}$ 的定义，用它们可以确定两个应力强度因子 K_I 和 K_{II}。对于完整的 I 型和 II 型复合型焦散线，可根据式（2-26）与式（2-27）作出图 2-12。

首先，据图 2-12 由测量值 $(D_{\max} - D_{\min})/D_{\max}$ 确定两个应力强度因子的比值 $\mu = K_{II}/K_I$；然后，利用 μ 可从图 2-13 中确定应力强度因子数值系数 g。则 I 型裂纹应力强度因子 K_I 的值为

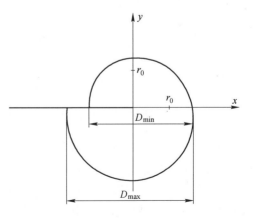

图 2-11　特征长度的定义

$$K_{\mathrm{I}} = \frac{2\sqrt{2\pi}}{3g^{5/2}z_0 cd_{\mathrm{eff}}\lambda_{\mathrm{m}}^{3/2}}D_{\mathrm{max}}^{5/2}$$　　　　　（2-35）

然后利用下式求出 K_{II}

$$K_{\mathrm{II}} = \mu K_{\mathrm{I}}$$　　　　　（2-36）

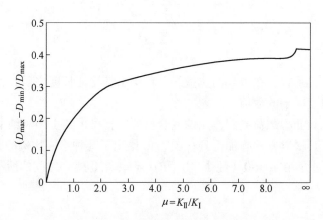

图 2-12　确定应力强度因子比值

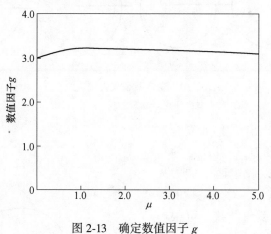

图 2-13　确定数值因子 g

2.3.4.3　动态裂纹尖端的焦散线

在焦散线理论中，静态与动态裂纹尖端焦散线的差别，主要来自两个方面：一方面是模型材料的应力光学差数 c，它与加载速率有关；另一方面是扩展裂纹的惯性效应，它使裂纹尖端附近区域的应力场分布与稳定裂纹的情况不同，是随时间变化的。所以原则上不能用静态的公式去计算扩展裂纹尖端的动态应力强度因子。但是由于动态和静态载荷作用下的应力强度因子与径向距离 r 及角度 φ 的关系是一样的，所以需要用 $K_{\mathrm{I}}(t)$、$K_{\mathrm{II}}(t)$ 和 $K_{\mathrm{III}}(t)$ 来代替相应的 K_{I}、K_{II} 和 K_{III}。

对于一个以常速度扩展的 I 型裂纹，如将运动坐标系的原点取在裂纹尖端，如图 2-14 所示，并以裂纹扩展方向为 x 轴，则对坐标系 $(\bar{x}, \bar{y})$ 或 $(\bar{r}, \bar{\varphi})$ 有

$$\begin{cases} x = a(t) + \bar{x} = a(t) + \bar{r}\cos\bar{\varphi} \\ y = \bar{y} = \bar{r}\sin\bar{\varphi} \end{cases} \tag{2-37}$$

式中，a 为裂纹长度。

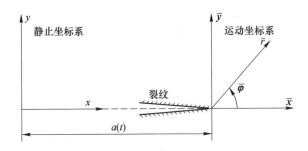

图 2-14　运动裂纹尖端的坐标系

以瞬时速度 $v = \mathrm{d}a(t)/\mathrm{d}t$ 传播的裂纹周围应力分布是

$$\begin{cases} \sigma_x = \dfrac{K_{\mathrm{I}}^d(t)}{\sqrt{2\pi\bar{r}}} \dfrac{1+\alpha_2^2}{4\alpha_1\alpha_2 - (1+\alpha_2^2)^2} \left[(1 + 2\alpha_1^2 - \alpha_2^2)p(\bar{\varphi}, \alpha_1) - \dfrac{4\alpha_1\alpha_2}{1+\alpha_2^2} p(\bar{\varphi}, \alpha_2) \right] \\[4mm] \sigma_y = \dfrac{K_{\mathrm{I}}^d(t)}{\sqrt{2\pi\bar{r}}} \dfrac{1+\alpha_2^2}{4\alpha_1\alpha_2 - (1+\alpha_2^2)^2} \left[-(1+\alpha_2^2)p(\bar{\varphi}, \alpha_1) + \dfrac{4\alpha_1\alpha_2}{1+\alpha_2^2} p(\bar{\varphi}, \alpha_2) \right] \\[4mm] \tau_{xy} = \dfrac{K_{\mathrm{I}}^d(t)}{\sqrt{2\pi\bar{r}}} \dfrac{1+\alpha_2^2}{4\alpha_1\alpha_2 - (1+\alpha_2^2)^2} \alpha_1 \left[q(\bar{\varphi}, \alpha_1) - q(\bar{\varphi}, \alpha_2) \right] \end{cases}$$

$$\tag{2-38}$$

其中 $K_{\mathrm{I}}^d(t)$ 是 I 型裂纹尖端的应力强度因子。

式中

$$\begin{cases} p(\bar{\varphi}, \alpha_j) = \dfrac{\left[\cos\bar{\varphi} + (\cos^2\bar{\varphi} + \alpha_j^2\sin^2\bar{\varphi})^{1/2} \right]^{1/2}}{(\cos^2\bar{\varphi} + \alpha_j^2\sin^2\bar{\varphi})^{1/2}} \\[4mm] q(\bar{\varphi}, \alpha_j) = \dfrac{\left[-\cos\bar{\varphi} + (\cos^2\bar{\varphi} + \alpha_j^2\sin^2\bar{\varphi})^{1/2} \right]^{1/2}}{(\cos^2\bar{\varphi} + \alpha_j^2\sin^2\bar{\varphi})^{1/2}} \end{cases} \tag{2-39}$$

$$\alpha_j = \left(1 - \frac{v^2}{c_j^2}\right)^{1/2} \qquad j = 1, \ 2 \tag{2-40}$$

式中，v 为裂纹扩展速度，且有

纵波波速为

$$c_p = c_1 = \sqrt{\frac{E}{\rho}} \sqrt{\frac{1-v}{(1+v)(1-2v)}} \tag{2-41}$$

横波波速为

$$c_s = c_2 = \sqrt{\frac{E}{\rho}} \sqrt{\frac{1}{2(1+v)}} \tag{2-42}$$

当裂纹扩展速度 $v = 0$ 时，式（2-38）退化为静止裂纹尖端的近场应力分布。这就意味着在动态载荷作用下，当裂纹尚未扩展时，则裂纹尖端的近场应力分布与静态的情况相同，只是应力强度因子 $K_I^d(t)$ 是随时间变化的。将此应力分布（见式（2-38））代入光程差公式（2-12）和映射方程（2-3），就得到动态情况下的焦散线方程（动态坐标系下）为

$$\begin{cases} \overline{x'} = \lambda_m \overline{r} \cos\overline{\varphi} + \dfrac{K_I^d(t)}{\sqrt{2\pi}} z_0 c d_{eff} \overline{r}^{-3/2} F^{-1} G_1(\alpha_1, \ \overline{\varphi}) \\[3mm] \overline{y'} = \lambda_m \overline{r} \sin\overline{\varphi} + \dfrac{K_I^d(t)}{\sqrt{2\pi}} z_0 c d_{eff} \overline{r}^{-3/2} F^{-1} G_2(\alpha_1, \ \overline{\varphi}) \end{cases} \tag{2-43}$$

式中

$$F = \frac{4\alpha_1\alpha_2 - (1+\alpha_2^2)^2}{(\alpha_1^2 - \alpha_2^2)(1+\alpha_2^2)} \tag{2-44}$$

和

$$\begin{cases} G_1(\alpha_1, \ \overline{\varphi}) = -\dfrac{1}{\sqrt{2}}(g^{1/2} + \cos\overline{\varphi})^{-1/2}(g^{-1/2} - g^{-1}\cos\overline{\varphi} - 2g^{-3/2}\cos^2\overline{\varphi}) \\[3mm] G_2(\alpha_1, \ \overline{\varphi}) = \dfrac{1}{\sqrt{2}}(g^{1/2} + \cos\overline{\varphi})^{-1/2}(\alpha_1^2 g^{-1}\sin\overline{\varphi} - \alpha_1^2 g^{-3/2}\sin^2\overline{\varphi}) \end{cases}$$

$$\tag{2-45}$$

且有
$$g = 1 + (\alpha_1^2 - 1)\sin^{-2}\overline{\varphi} \tag{2-46}$$

由数值计算容易证明，对所有具有实际意义的裂纹传播速度（即 $v < 0.3c_p = 0.3c_1$）而言，α_1 对函数 $G_1(\alpha_1, \ \overline{\varphi})$ 和 $G_2(\alpha_1, \ \overline{\varphi})$ 的影响小得可以忽略不计。特别是与因忽略 α_1 对 F 的影响而导致的误差相比，因忽略 α_1 对 $G_1(\alpha_1, \ \overline{\varphi})$ 和 $G_2(\alpha_1, \ \overline{\varphi})$ 的影响而导致的误差就更小了。因此，在工程允许的误差范围内，可近似地将这些函数（2-45）写成

$$
\begin{cases}
G_1(\alpha_1, \overline{\varphi}) \approx \cos\dfrac{3}{2}\overline{\varphi} \\[2mm]
G_2(\alpha_1, \overline{\varphi}) \approx \sin\dfrac{3}{2}\overline{\varphi}
\end{cases}
\tag{2-47}
$$

令式（2-43）这个映射方程在式（2-47）简化条件下的 Jacobian 行列式为零，就可以得到动态裂纹尖端的初始曲线方程为

$$
\overline{r} = \left[\frac{3}{2\lambda_m}\frac{K_{\mathrm{I}}^{\mathrm{d}}(t)}{\sqrt{2\pi}}|z_0||c|d_{\mathrm{eff}}F^{-1}\right]^{2/5} \equiv \overline{r_0}
\tag{2-48}
$$

由上式可以得出 I 型裂纹尖端的动态应力强度因子的计算公式

$$
K_{\mathrm{I}}^{\mathrm{d}}(t) = \frac{2\sqrt{2\pi}\,F}{3\,(3.17)^{5/2}|z_0||c|d_{\mathrm{eff}}\lambda_m^{3/2}}D^{5/2}
\tag{2-49}
$$

将上式与静态裂纹的应力强度因子计算公式（2-35）相比，发现除了多了一个速度修正因子 $F(v)$ 外，计算公式是相同的。该修正因子计及了裂纹扩展速度对 r 和 φ 方向应力分布的影响，根据式(2-40)～式（2-42）及式（2-44）可得出修正因子 F 与裂纹扩展速度 v 的关系。F 的值恒小于 1，在具有实际意义的扩展速度下接近于 1。

利用焦散线方程式（2-26）～式（2-31），以及图 2-7 中关于特征长度 D 的定义，很容易导出 I 型裂纹尖端距焦散斑前沿的距离为

$$
X_{\mathrm{c}} = \frac{1}{2\sin\dfrac{2}{5}\pi}D_{\mathrm{t}} = 0.5257 D_{\mathrm{t}} = \frac{1}{2\cos^2\dfrac{\pi}{10}}D_{\mathrm{l}} = 0.5528 D_{\mathrm{l}}
\tag{2-50}
$$

图 2-15 是裂纹尖端位置 X_{c} 与纵向直径 D_{l} 和横向直径 D_{t} 之比随着 v/c_{s} 的变化曲线。从图中可以看出：$X_{\mathrm{c}}/D_{\mathrm{t}}$ 的值随 v/c_{s} 增加而减少，但是，$X_{\mathrm{c}}/D_{\mathrm{l}}$ 的值不随

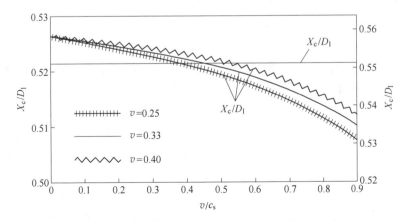

图 2-15　裂纹尖端位置随 v/c_{s} 的变化曲线

v/c_s 变化。这一性质使我们能够很方便地从焦散线的纵向直径 D_1 去确定裂纹尖端的位置。在知道了每一瞬时裂纹尖端的准确位置之后，就可以通过各种各样的微分方法（数值的、图形的）去确定裂纹扩展过程中任何时刻的扩展速度，从而得出修正因子去计算该瞬时的动态应力强度因子 $K_I^d(t)$。

2.3.5　数字激光动态焦散线试验系统

在高速冲击或爆炸载荷作用下，材料在高速断裂过程中，裂纹扩展速度非常快，而捕捉并记录下瞬间的裂纹尖端位置和焦散线的变化情况，对高速摄影系统提出了非常高的要求。国内外学者在开展动态断裂焦散线试验研究中，采用的高速摄影设备主要有两种类型。一种是以转镜式高速相机为代表的高速摄影系统。其中，Rosakis[8,9]采用转镜式高速摄影系统进行了 4340 型钢材在冲击载荷下的裂纹起裂和扩展的焦散线试验，该摄影系统单次试验可记录 200～200000 幅图像，胶片最短曝光时间为 15ns，并采用脉冲激光作为光源，为胶片提供足够的曝光强度，但是该试验系统需要配备复杂的触发装置来实现脉冲激光器和相机的同步控制；文献 Takahashi[10]采用 Imacon 790 型转镜式高速相机进行了陶瓷材料在高温度场中断裂行为的焦散线试验研究。但转镜式高速相机由于体积庞大，价格昂贵，控制系统复杂，阻碍了其推广应用。

另一种是以沙丁（Cranz-Scharding）相机为代表的高速摄影装置，它与焦散线方法相结合的试验系统被国内外大多数学者所采用。其中，Papadopoulos[11,12]使用的沙丁高速相机具有 24 个镜头，每次试验能拍摄 24 幅照片，每幅照片最短间隔 1μs；Kalthoff[13]采用的沙丁相机也具备 24 个镜头，单次拍摄 24 幅照片，最大曝光速度为 0.5μs；Shukla[14]利用的沙丁相机有 20 个镜头；Takahashi[15]采用的沙丁相机系统具备 30 个火花和镜头。而国内众多研究单位和人员采用的是北京大学工学院研制的 DDGS 型（包括 DDGS-I 和 II 型）多火花式高速摄影系统，该系最早由苏先基[6]在引进的基础上进行了改进和发明，建立了双场镜光路系统，解决了国外采用的凹面镜或单场镜光路的不足和缺点，大大推动了国内焦散线试验技术的发展和提升。DDGS 型相机具有 16 个点光源和 16 个摄影镜头，并各自排成 4×4 方阵相对应，通过点光源的高压球隙放电发出的火花光，光由准直镜变成平行光，再通过模型试件，最后由场镜把动态像汇聚在相机镜头里，并成像在底片上，底片大多选用国产乐凯 C1021 型黑白全色负片。该设备一次可记录不同时刻的动态焦散线照片 16 幅，每幅照片曝光时间小于 0.5μs，通过延迟与控制系统实现两幅照片之间的时间间隔在 1～9999μs 可调。使用该高速摄影系统，文献［16～18］等进行了相关的动态焦散线试验研究工作。

沙丁高速相机为高速动态断裂过程的焦散线试验研究提供了有力的试验工具，推动了动态断裂力学的进步。但是，沙丁相机由于其自身局限性，也有一些不足：（1）试验需要在暗室中进行，对环境要求较高；（2）光路系统中，每个火花和镜头没有在透镜的主光轴上，每一个成像具有一定的像差，给试验结果带来误差；（3）单次拍摄照片的幅数有限（目前，国际上最多为 30 幅（日本），国内最多为 16 幅），得到的信息较少；（4）记录媒介为物理胶片，需要进行定影、显影等过程，程序繁琐，操作相对复杂，要求试验人员的技术水平和熟练程度较高，且难以永久保存。

随着科学技术的发展，高速数码 CCD 技术得到了飞跃提升，升级和改进传统的焦散线试验系统成为必然。本书采用数字高速相机，并将激光光源和数字高速相机组成的高速摄影系统应用到动焦散线试验中，建立了一种新型数字激光动态焦散线试验系统。新型数字激光动态焦散线试验系统由固体激光器、扩束镜、场镜、加载装置、同步控制开关、高速数码相机和计算机组成，如图 2-16 所示。该系统的核心是采用高速数码相机和固体激光器组成的高速摄影系统与焦散线试验方法相结合，实现了对高速冲击（爆炸）载荷下试件动态断裂过程的焦散线拍摄，并利用计算机软件对整个试验系统进行控制，实现了图像的数字化采集。

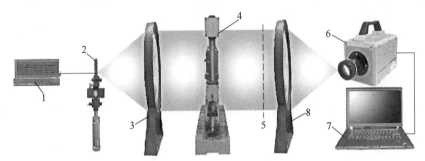

图 2-16　数字激光动态焦散线试验系统
1—激光器；2—扩束镜；3—场镜 1；4—加载装置；5—参考平面；
6—高速相机；7—电脑；8—场镜 2

本试验系统采用日本 Photron 公司生产的 Fastcam-SA5（16G）型彩色高速数码相机，该相机配备 Nikon（尼康）卡尼尔 AF 系列长/短焦镜头，可实现拍摄视场的大幅度调整。试验过程中，需根据拍摄区域、像素分辨率、记录时长等综合考虑拍摄参数。该相机的最大拍摄速度为 1000000fps。当拍摄速度为 100000fps 时，其图像的最大分辨率为 320pixels×192pixels，最大记录时长为 1.86s，最大曝光速度 1μs。该相机配备的 PFV（Photron Fastcam Viewer）系统软件，可实现对相机的控制、图像采集和初步处理。且该相机具有信号输入/输出端口，轻松实现与其他设备的同步控制。

高速相机能够有效记录下高速的动态过程需要 4 个条件：（1）相机的曝光时间足够短（Fastcam-SA5 相机的快门满足要求）；（2）被拍摄物体具有足够的光

强，使相机在较短的时间内得到足够的曝光量；（3）被拍摄物体的光强能够持续一定时间，满足动态连续拍摄过程要求；（4）光的波长与高速相机的感光灵敏性相适应。在众多类型光源中，能满足上述要求的光源，经过调试，最终选择小巧方便、稳定、价廉的固体绿色激光器作为试验用光源。该激光器的输出功率为0~200mW可调，可以满足多种拍摄速度要求；激光波长为532nm，是Fastcam-SA5型高速相机CCD的最敏感光波波长，实现了最优化的匹配。

2.4 超高速数字图像相关试验方法

20世纪80年代初，随着计算机技术和数字摄像机的发展，数字图像相关方法（Digital Image Correlation，DIC）又称数字散斑相关测量（Digital Speckle Correlation Measurement，DSCM）逐渐发展起来。1982年，Peters和Ranson[19]通过电视摄像管采集试件变形前后的激光散斑图，用微型计算机进行数字化转换，由此得到了散斑图的离散型数字灰度场，用此灰度值进行变形前后的相关计算，找出相关系数的最大值从而计算出了相应的位移和应变。随后，经过多位学者[20~23]的努力，数字图像相关方法的基本概念、原理和相关搜索的基本程序得到了详细的论述，相关试验也证明了这种方法不仅能够实现对变形信息进行全场测量的要求，而且光路系统简单、试验操作过程简便、对环境和隔震要求低、测量过程易实现自动化、测量范围更广、结果处理更加方便等优点较传统电测法和常用光测法更是无可比拟的。进入20世纪90年代，数字图像相关方法继续发展，这一时期的工作则是更多的把数字图像相关方法作为一种有效的研究手段，应用于实际问题的解决。

由于高速摄影技术的限制，数字图像相关方法在爆炸研究中的应用一直偏弱。在爆炸载荷作用下，被爆介质的动态响应问题是工程爆破施工过程中最重要的核心问题，但由于爆炸载荷具有瞬态、高幅值以及强间断等特征，给相关研究带来了很大困难。另外，为了降低爆破试验中试件的边界效应，通常采用的试件尺寸相对较大（上述文献中多采用300mm×300mm的平面试件），观测区域也较大，因此需要采用高分辨率和超高速的相机才能满足超高速数字图像相关测量研究。从现有的文献记录来看，很少有将数字图像相关方法直接应用于爆炸这一超动态问题的研究。本书将一种新型的超高速相机引入到爆炸载荷下的数字图像相关分析研究中来，建立了基于Kirana超高速相机和VIC-2D软件的超高速数字图像相关试验系统，把数字图像相关方法与该新型超高速相机相结合，并应用到爆炸力学领域，为研究爆炸力学领域中被爆介质的动态响应问题提供新手段。

2.4.1 数字图像相关方法基本原理

数字图像相关法是通过计算试件变形前后其表面的散斑图像灰度值的相关系

数，以跟踪计算点变形前后的空间位置，从而获得试件表面位移，进而计算试件应变的光学测试试验方法。其基本原理如图 2-17 所示。

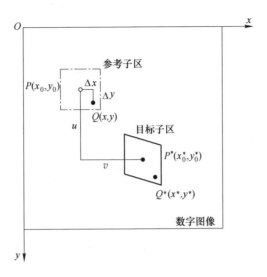

图 2-17 DIC 的基本原理

由于散斑是随机分布的，每一个散斑点周围区域（即子区）的散斑分布都与其他散斑点周围区域的散斑分布不相同，故以某一点为中心的子区可以作为该点位移和变形信息的唯一载体。进行相关计算时，首先选定试件加载变形前的散斑图像作为参考图像，在参考图像中选定一个以 $P(x_0, y_0)$ 为中心，大小为 $(2M+1) \times (2M+1)$ 像素的参考图像子区，通过特定的搜索方法和相关函数在变形后的图像中进行搜索和相关计算。相关系数为最大或最小值时，即为以 $P(x_0, y_0)$ 为中心，大小为 $(2M+1) \times (2M+1)$ 像素的参考子区在变形后图像中对应的目标子区。进而可以确定 $P(x_0, y_0)$ 的位移分量 u 和 v。根据图 2-17 所示变形前后子区中心的坐标关系为

$$x_0^* = x_0 + u$$
$$y_0^* = y_0 + v \tag{2-51}$$

根据连续介质力学线性变形理论，某一点的位移可以用其临近点的位移及其增量来表示。参考子区中任意一点 $Q(x, y)$ 点的位移分量可表示为

$$u_Q = u + \frac{\partial u}{\partial x}\Delta x + \frac{\partial u}{\partial y}\Delta y$$
$$v_Q = v + \frac{\partial v}{\partial x}\Delta x + \frac{\partial v}{\partial y}\Delta y \tag{2-52}$$

又由于所选子区大小与整个图像的大小相比很小，可以认为子区是均匀变

形，因此参考子区内任意一点 $Q(x, y)$ 变形后 $Q^*(x^*, y^*)$ 的坐标为

$$x^* = x_0 + u + \frac{\partial u}{\partial x}\Delta x + \frac{\partial u}{\partial y}\Delta y$$

$$y^* = y_0 + v + \frac{\partial v}{\partial x}\Delta x + \frac{\partial v}{\partial y}\Delta y$$

(2-53)

对于有限变形，可以增加位移的二阶导数项来表示 $Q(x, y)$ 变形后的坐标位置，即

$$x^* = x_0 + u + \frac{\partial u}{\partial x}\Delta x + \frac{\partial u}{\partial y}\Delta y + \frac{1}{2}\frac{\partial^2 u}{\partial x^2}(\Delta x)^2 + \frac{\partial^2 u}{\partial x \partial y}\Delta x \Delta y + \frac{1}{2}\frac{\partial^2 u}{\partial y^2}(\Delta y)^2$$

$$y^* = y_0 + v + \frac{\partial v}{\partial x}\Delta x + \frac{\partial v}{\partial y}\Delta y + \frac{1}{2}\frac{\partial^2 v}{\partial x^2}(\Delta x)^2 + \frac{\partial^2 v}{\partial x \partial y}\Delta x \Delta y + \frac{1}{2}\frac{\partial^2 v}{\partial y^2}(\Delta y)^2$$

(2-54)

式中，Δx，Δy 是点 $Q(x, y)$ 到中心点 $P(x_0, y_0)$ 的距离；u、v 是参考子区中心点 $P(x_0, y_0)$ 变形前后的水平位移和垂直位移分量；u、v、$\frac{\partial u}{\partial x}$、$\frac{\partial u}{\partial y}$、$\frac{\partial v}{\partial x}$、$\frac{\partial v}{\partial y}$ 是相关计算待求的 6 个参数，$\frac{\partial^2 u}{\partial x^2}$、$\frac{\partial^2 u}{\partial y^2}$、$\frac{\partial^2 u}{\partial x \partial y}$、$\frac{\partial^2 v}{\partial x^2}$、$\frac{\partial^2 v}{\partial y^2}$、$\frac{\partial^2 v}{\partial x \partial y}$ 是位移分量的二阶梯度。

图像中 $P(x_0, y_0)$ 的灰度值可表示为该点坐标的函数：

变形前：　　　　　　　　　　$f(P) = f(x_0, y_0)$

变形后：　　　　　　　　　　$g(P^*) = g(x_0^*, y_0^*)$

在进行相关计算时，在参考图像上选取一个子区作为样本图像，其灰度分布为 $f(x_0, y_0)$，然后在变形图像上通过相关搜索法寻找匹配的目标子区，其灰度分布为 $g(x_0^*, y_0^*)$。其中 x_0^*，y_0^* 即为包含待求位移的未知量。

采集完试件变形前后的灰度信息后就可以进行相关计算了。为了说明变形前和变形后图像子区的相似程度，需要建立一个衡量标准，数学上的相关系数定量地描述了两个变量之间的关联程度，因此选择相关系数作为衡量子区相似程度的标准。当相关函数的值达到最大或最小时（取决于所选相关函数），认为变形前后的子区相互匹配。相关函数描述了变形前后图像子区之间的相似程度，合适的相关函数是进行相关计算的关键问题之一。相关函数应满足以下几点要求。

（1）简单性。即相关函数应具有简单的数学描述。

（2）可靠性。即使散斑场的随机性决定了各子区是信息的唯一载体，但由于数字化设备在采样和量化的过程中的局限性，参考子区可能与变形图像中的不同子区均存在一定的相似程度，这就导致相关计算会存在一定的错误率。这就要求相关函数能够敏感地过滤这些错误，达到较高的可靠性。

（3）抗干扰性。数字图像的噪声是多方面的。所选择的相关函数应能抵抗大多数噪声对函数计算造成的不良影响，并保持准确的输出。

（4）高效性。在对试件表面的灰度值进行数字离散化的过程中会产生大量的数字信息。这样就会极大地增加全场相关计算时的计算量。这就要求所选择的相关函数具有较高的计算效率。

相关函数的形式有多种，常用的主要有以下几种。

（1）最小二乘相关系数

$$C = \sum_{-M}^{M} \sum_{-M}^{M} [f(x, y) - g(x^*, y^*)]^2 \qquad (2\text{-}55)$$

（2）直接相关函数

$$C = \sum_{-M}^{M} \sum_{-M}^{M} f(x, y) g(x^*, y^*) \qquad (2\text{-}56)$$

（3）标准化相关函数

$$C = \frac{\sum\limits_{-M}^{M} \sum\limits_{-M}^{M} [f(x, y) g(x^*, y^*)]}{\sqrt{\sum\limits_{-M}^{M} \sum\limits_{-M}^{M} f^2(x, y) \sum\limits_{-M}^{M} \sum\limits_{-M}^{M} g^2(x^*, y^*)}} \qquad (2\text{-}57)$$

标准化相关函数对直接相关函数系数作归一化处理，使得相关函数的输出值在 [0, 1] 之内。取此相关函数的最大值，即可确定 $f(x, y)$ 和 $g(x^*, y^*)$ 的相似程度。通常认为标准化相关函数的输出值大于 0.8 时，认为 $f(x, y)$ 和 $g(x^*, y^*)$ 具有相同的特征，当输出小于 0.6 时，认为干扰因素较多，$f(x, y)$ 和 $g(x^*, y^*)$ 的相关性比较可疑。

（4）标准化协方差函数

$$C = \frac{\sum\limits_{-M}^{M} \sum\limits_{-M}^{M} [f(x, y) - f_{\mathrm{m}}][g(x^*, y^*) - g_{\mathrm{m}}]}{\sqrt{\sum\limits_{-M}^{M} \sum\limits_{-M}^{M} [f(x, y) - f_{\mathrm{m}}]^2 \sum\limits_{-M}^{M} \sum\limits_{-M}^{M} [g(x^*, y^*) - g_{\mathrm{m}}]^2}} \qquad (2\text{-}58)$$

标准化协方差函数采用均方差的形式对标准化相关函数作归一化处理，使其取值范围在 [-1, 1]。当输出值为 1 时认为 $f(x, y)$ 和 $g(x^*, y^*)$ 完全一样；完全不同时输出为 0；输出为 -1 时表示完全相反。

此外，常见的相关函数形式还有

$$C_a = \sum_{-M}^{M} \sum_{-M}^{M} \left[\frac{f(x, y)}{\sqrt{\sum\limits_{-M}^{M} \sum\limits_{-M}^{M} f^2(x, y)}} - \frac{g(x^*, y^*)}{\sqrt{\sum\limits_{-M}^{M} \sum\limits_{-M}^{M} g^2(x^*, y^*)}} \right] \qquad (2\text{-}59)$$

$$C_b = \frac{\left\{ \sum\limits_{-M}^{M} \sum\limits_{-M}^{M} \left[f(x, y) - f_m \right] \left[g(x^*, y^*) - g_m \right] \right\}^2}{\sum\limits_{-M}^{M} \sum\limits_{-M}^{M} \left[f(x, y) - f_m \right]^2 \sum\limits_{-M}^{M} \sum\limits_{-M}^{M} \left[g(x^*, y^*) - g_m \right]^2} \qquad (2\text{-}60)$$

金观昌等人[24]提出了比较相关函数性能的四个参数，分别为相关最大值、次高峰相关系数值、主高峰在相关系数为 0.5 处的宽度和平均位移测量的绝对误差。并在比较 10 种相关公式后指出使用式（2-60）较为有利。

上述式（2-55）~式（2-60）列出的相关函数中，$f(x, y)$ 代表参考图像上坐标为 (x, y) 点的灰度值；$g(x^*, y^*)$ 为目标图像中对应 (x^*, y^*) 点的图像的灰度值；$f_m = \dfrac{1}{(2M+1)^2} \sum\limits_{-M}^{M} \sum\limits_{-M}^{M} f(x, y)$ 为参考子区的平均灰度值；$g_m = \dfrac{1}{(2M+1)^2} \sum\limits_{-M}^{M} \sum\limits_{-M}^{M} g(x^*, y^*)$ 为对应的目标子区的平均灰度值。

2.4.2 超高速数字图像相关试验系统

数字图像相关技术作为一种新型的光测试验技术，在研究材料的动态荷载作用下的损伤破坏情况，与其他试验方法相比，无论从操作难度还是试验精度上都具有巨大的优势。将加工好的带有散斑的试件置于加载装置，通过调整相机与试件的距离及镜头焦距使得相机与试件正对且时间图像清晰地呈现在计算机中。试验原理系统如图 2-18 所示。

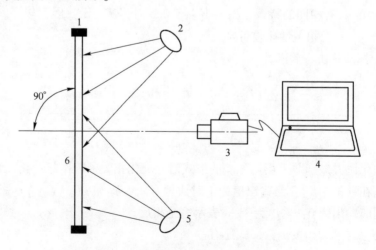

图 2-18 数字图像相关试验原理系统

1—加载装置；2，5—白光光场；3—CCD 相机；

4—计算机；6—试件

　　冲击和爆炸是在瞬间完成的超动态现象，其产生的效应也在极短的时间内完成。这就要求 DIC 图像采集系统能够同步或提前工作，以保证采集到冲击和爆炸的完整过程。传统的 DIC 试验系统并不能很好保证同步及超动态图像采集。这就对 DIC 试验系统提出了新的要求。本书中搭建的超动态数字图像相关试验系统（见图 2-19）既有传统 DIC 试验系统的特点，又能满足对冲击和爆炸加载条件下的超动态图像进行采集的要求。该试验系统主要由超高速相机、计算分析系统、照明系统、爆炸加载装置和同步控制系统组成。

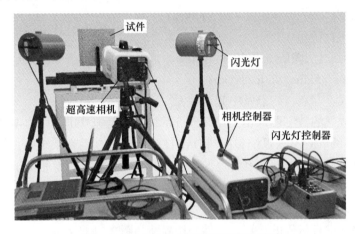

图 2-19　超高速数字图像相关试验系统

　　考虑试件边界效应和爆炸应力波速度等因素，爆破试验一般要求试件尺寸较大，继而要求高速相机不仅拍摄速度快，同时像素要高。传统的多火花式高速相机，拍摄速度能达到 0.2Mf/s，但其为胶片式，无法满足数字化要求。普通的高速 CCD 相机或 CMOS 相机，随着拍摄速率的增加，图像分辨率大幅降低，如 Photron 公司的 Fastcam 系列相机，拍摄速度最快能达到 1Mfps，但图像分辨率只有 64×28，无法满足大尺寸爆破试验要求。另外一种分幅式超高速相机，如 PCO 公司的 HSFC-pro 相机，采用 2~4 个 CCD，拍摄速度能达到 200Mf/s，但每次最多拍摄 32 幅照片，且这些照片由 4 个 CCD 镜头成像，导致图像灰度不一致，且有畸变，不适合数字图像相关分析。

　　随着科技的发展，一种新型的 μCMOS 传感器超高速相机 Kirana-5M 技术（见图 2-20）逐渐成熟，该高速相机具有特殊的 μCMOS 传感器；每个像素都具有 180 个存储单元；100ns 高速电子快门；固定 924pixel×768pixel 图像分辨率和图

图 2-20　Kirana 高速摄像机

像采集数量固定 180 张，即图像的自身分辨率不会收缩变化随着采样频率的增加。这是有效保证相机试验标本的完整和随后的变形分析可行的重要条件，无论有多大摄像捕捉频率设置，在不同时间内，每拍摄一次都能收集到 180 张数字图像，有效优化相机的存储效率。Kirana 高速相机参数如下。

传感器：μCMOS 传感器；

像素尺寸：30μm×30μm；

分辨率：924pixel ×768pixel；

图像数量：180 幅（连续 2s@ 1000fps）；

曝光时间：100ns；

拍摄速度：5Mfps、2Mfps、1Mfps、500kfps、200kfps、100kfps、50kfps、20kfps、10kfps、5kfps、2kfps、1kfps；

触发模式：起点、终点及中间点触发。

国内外成熟的数字图像相关计算分析系统，有美国 CSI 公司的 VIC 系统、德国 GOM 公司的 ARAMIS 系统和德国 DANTEC 公司的 Q 系列系统等，其原理基本相同，计算和后处理方面各有特色。新构建的超高速数字图像相关试验系统选用美国 CSI 公司的 VIC-2D 系统，采用标准化的平方差相关函数进行相关计算，具有自动标定图形缩放系数的功能，对光线明亮变化不敏感，能在满足精度和计算速度的前提下进行最优的计算。软件操作界面如图 2-21 所示。

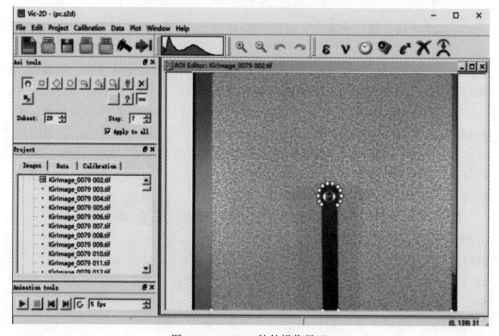

图 2-21　VIC-2D 软件操作界面

针对 5Mfps 超高拍摄速度，要求曝光速率小于 200ns，传统的 LED 光源已经无法满足要求。本试验采用 SI-AD500 照明系统（如图 2-22 所示），由控制器和闪光灯组成。控制器为四通道 CU-500 型控制器，可以控制多个闪光灯同时或顺序工作。闪光灯为 FH-500 型氙气灯，可以实现 40μs 达到最强照明亮度，并持续 2ms 的恒定光强时间。

图 2-22　SI-AD500 补光系统

爆炸加载装置系自主设计，采用自制药包（一般为叠氮化铅），置于试件上的预制炮孔中，药包内埋设引爆线，通过螺栓的拧紧对加载头施加压力，从而夹紧炮孔，炸药由同步控制系统中的脉冲打火器引爆。

爆破试验中闪光灯、相机拍摄、炸药起爆等一系列动作需要依次进行，要求同步控制系统必须满足微秒级的精确控制。由于 FH-500 闪光灯得到触发信号后，40μs 后光照强度才能达到稳定状态，且其稳定状态只能持续 2ms，因此以单炮孔触发为例，若闪光灯触发信号定义为 0μs 时刻，那么相机的拍摄时刻为 40μs，炸药起爆时刻为 45μs。基于此，研发了四通道 HD12-2 型程序控制多路脉冲控制系统，可以设置起爆、照明与相机等设备的触发顺序和延时时间，实现了微秒级精确控制。设备同步控制原理如图 2-23 所示。

2.4.3　散斑制作方法

VIC-2D 软件分析主要是对试件表面散斑灰度信息进行分析计算，从而确定试件表面应变场及位移场的变化情况。因此试件表面散斑质量的好坏对试验结果有至关重要的作用，好的散斑质量能保证试验结果的直观性和准确性。

在进行数字图像相关计算时，需要在试件表面制作人工散斑。不同的试件尺寸和材料、不同的试验人员、不同的散斑制作技术制作出的散斑大小、散斑形状都会有很大差异。作为试件变形信息的载体，散斑质量是决定相关运算精度的重要因素之一。散斑颗粒太小，则难以满足摄像机分辨率的要求，导致散斑被相机漏识；相反，散斑颗粒太大，虽能满足分辨率的要求，但也带来了相机误识的风

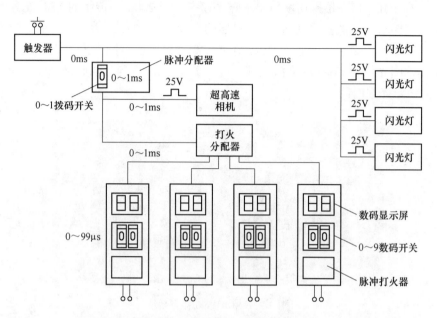

图 2-23　同步控制原理示意图

险，从而降低测量精度。通常而言，散斑直径范围在 3~7 个像素最优。

制作散斑有多种不同的方法。既有手工制斑法，也有计算机辅助制斑法。人工制作散斑也有不同的方法。常用的方法有在试件表面喷涂黑白哑光漆以形成随机散斑。这种制斑方法简便，且喷涂材料容易取得。常用的喷涂法制作的散斑会受到喷嘴大小、喷漆的黏性、喷涂的时间、喷涂的方向及操作者的熟练程度等因素的影响。为了提高人工散斑的制作质量，在用喷涂法制作散斑时建议遵守以下流程。

（1）将打磨抛光后的试件水平放置，先在试件表面均匀喷一层白色哑光漆。在喷涂亚白色光漆时，喷射方向与试件大致呈 45°，可适当加快喷射速度以达到均匀喷涂的效果。完成白色底漆的喷涂后将试件放置 5~10min，等待白色底漆晾干。

（2）待白色底漆晾干后，喷涂黑色哑光漆。同样把试件水平放置。为了保证散斑尺寸的均匀，在喷涂黑色哑光漆前可以在试件表面覆盖一层纱网，然后在喷射方向与试件成大致呈 90°时缓慢喷漆，使黑色哑光漆呈现雾状飘落。在开始喷涂阶段喷射速度难以控制，可先对着试件外的空域进行喷涂，然后减慢喷涂速度，待喷射的哑光漆雾合适时转向试件进行喷涂。

（3）对散斑大小不满意的局部区域可重复步骤（2）的操作，而此时需要随机转动纱网的方向，以保证散斑方向的随机性。

此外也有用记号笔在试件上通过随机点点形成的散斑，也有用印章法制作的散斑，但该方法需要事先制作散斑模板。采用喷涂法和随机点斑法制作的试件散斑，分别如图 2-24 和图 2-25 所示。

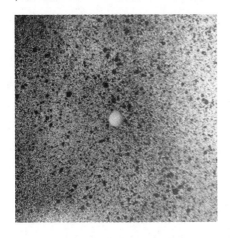

图 2-24　喷涂法散斑

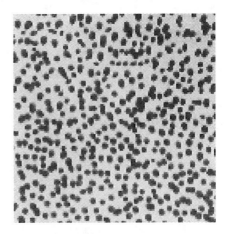

图 2-25　手工点斑

从以上两幅人工散斑图像上可以看出，喷涂法制作的散斑存在个别散斑点极大或散斑点极小、散斑分布极度不均匀的情况。相比之下，手工点斑法效果更好，但这种方法费时费力，且散斑密度不易控制，这种制斑方法更适合尺寸较小的试件。因此人工散斑不良的适应性、不良的控制性和不理想的操作性极大地影响了散斑质量。这样的散斑图像对 DIC 分析的结果的影响将是巨大的。在缺少条件的情况下可以使用这种手工方法制作散斑。

计算机技术的应用使得散斑制作更加方便。首先用计算机模拟设计散斑样式，然后打印所设计的散斑图样，最后通过热转印技术将计算机打印的散斑图样印在试件表面。鉴于手工制斑的缺点和计算机辅助制斑的方便性，本书中采用计算机辅助进行制作散斑，采用打印技术进行散斑制作。首先模拟生成一张散斑照片，然后用打印机将散斑图像打印在试件上。打印法制作的散斑图像如图 2-26 所示。

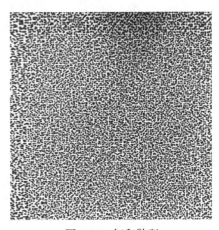

图 2-26　打印散斑

从图 2-26 中不难看出，打印技术制作的散斑大小、散斑密度以及散斑不规则度等参数都是可控的，这有利于调整不同尺寸试件下的散斑质量，而且打印技术制作的散斑质量明显优于手工制作的散斑。图 2-26 所示的打印散斑更均匀，梯度更好，这种方法制作的散斑也更能适应试件尺寸较大的情况。

2.4.4 子区大小和步长选择

数字图像制作过程是按照子区来进行相关匹配的。子区大小必须适合以保证相关计算能有效区别不同子区的信息。所选子区较小时，子区内包含的散斑信息就会相对较少，进行相关计算时难免会出现相关错误的情况；若所选子区比较大时，虽然子区内包含的信息较多，但会损失感兴趣区域边缘的变形信息，造成位移和应变缺失及散斑资源浪费。步长控制相关分析中的搜索长度跨度，表示搜索间隔。该参数较小时，相关计算将耗费较长的时间；该参数设置较大时，虽然缩短了相关计算的时间，但对于求解亚像素精度是不利的。步长设为 2 表示相关计算将在横向和纵向上每隔 1 个像素进行。通常认为，步长为 1 时计算所花费时间是步长为 5 时所用时间的 25 倍。因此，选取合适的子区大小和步长对相关计算的精度和速度都是至关重要的。

针对本书中的试验情况，为了选择合适的子区和步长大小，选取某次试验中采集的一幅散斑图像，用 MATLAB 模拟该散斑图在 x 和 y 方向的位移。如图 2-27 所示。

图 2-27 模拟位移图

(a) $\mu=0\mathrm{pixel}$, $v=0\mathrm{pixel}$；(b) $\mu=2\mathrm{pixel}$, $v=-1\mathrm{pixel}$；(c) $\mu=4\mathrm{pixel}$, $v=-3\mathrm{pixel}$；
(d) $\mu=6\mathrm{pixel}$, $v=-5\mathrm{pixel}$；(e) $\mu=8\mathrm{pixel}$, $v=-7\mathrm{pixel}$；(f) $\mu=10\mathrm{pixel}$；$v=-9\mathrm{pixel}$

用模拟移动后的散斑图像进行两个计算试验。

（1）固定步长大小为 1，设置不同的子区大小进行计算，探索子区大小对计算精度的影响，并优化子区的选择。

（2）在最优的子区大小下，设置不同的步长大小，从计算结果中优化步长的选择。

如图 2-28 和图 2-29 所示是 u、v 的计算结果。图 2-30 和图 2-31 是位移计算的标准差。

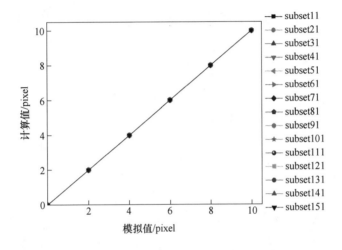

图 2-28 u 位移

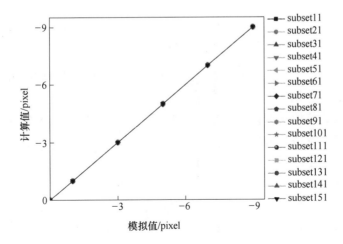

图 2-29 v 位移

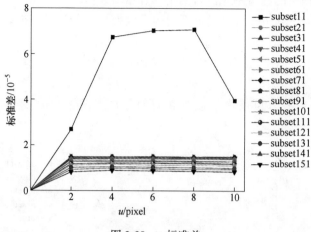

图 2-30 u 标准差

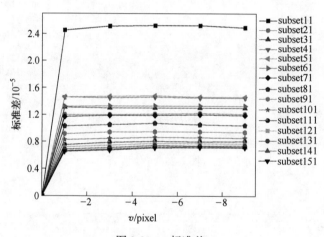

图 2-31 v 标准差

从以上两图中可以看出无论是水平方向位移 u，还是竖直方向位移 v，子区大小不同时其计算结果都等于模拟位移值。

虽然位移计算值与模拟值能很好的匹配，但从图 2-30 和图 2-31 中可见，子区不同时位移计算值是有偏差的。当子区为 11×11 时，u 和 v 的计算偏差都是最大的，当子区为 151×151 时 u 和 v 的计算偏差都是最小的，而且子区尺寸大于 11×11 时，u 和 v 的计算偏差明显的减小。可见，随着子区增大，位移的计算偏差确实相应的减小。然而子区越大，计算时边界信息损失也越大，分析区域缩小越大。当子区大小超过 11×11 时，u 和 v 位移计算偏差并没有明显减小。综合考虑计算精度和计算区域后，建议在进行分析时选用子区大小为 21×21～41×41，这样既能保证计算精度，又不损失太多的边界信息。

选定子区大小为 29×29，在不同步长条件下计算位移偏差。计算结果显示步长不同时位移计算值都等于模拟值，但位移标准差不同，如图 2-32 和图 2-33 所示。

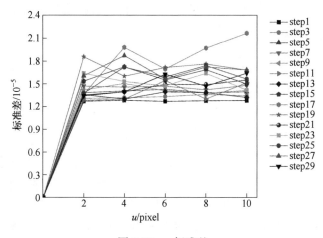

图 2-32　u 标准差

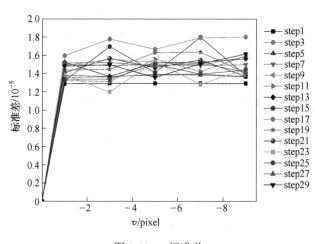

图 2-33　v 标准差

从图 2-32 和图 2-33 中可以看出，步长较小时的计算精度普遍大于步长较大时的位移计算精度。步长为 1 时位移 u 和 v 的计算偏差最小，精度最高；步长为 17 时位移 u 和 v 的计算偏差最大；步长为 7 时位移的标准偏差基本都处于中间位置。考虑到较小的步长将浪费较大的计算机资源和计算时间。选择合适的步长要综合考虑计算精度和计算速度。这一点需要使用者在实践的基础上进行优化选择。在子区大小为 29×29 的情况下，从以上的图文分析可以得出步长设为 7 比较合适。

从以上的分析可知，合适的子区大小确实能提高数字图像相关测量精度。选择合适的子区大小，对相关计算有着非常重要的意义。如何选取与子区大小相匹配的步长考验使用者的经验。合适的步长将在满足计算精度的前提下极大地提高计算速度。但是子区大小和步长的选择缺少理论依据，通常也由操作者的经验而定。根据以上的测量结果，本书后续实验分析中子区大小选为 21~51；在子区大小为 29 的条件下分析步长设为 7。

2.5 LS-DYNA 数值分析方法

2.5.1 LS-DYNA 简介

LS-DYNA 是世界上分析功能最全面的显式非线性动力分析程序。其前身是为武器设计提供分析工具。自从 1986 年 DYNA 的部分源程序被发布后，DYNA 以其强大的分析能力和广泛的适应性被研究和教育结构接受并传播。到目前为止，DYNA 被公认为显式有限元程序的先导和其他显式有限元程序的基础代码。DYNA 之所以能够模拟出现实世界中不同复杂几何非线性、材料非线性和接触非线性问题，在于其强大的功能特点。

（1）丰富的材料库。DYNA 目前提供的材料本构模型有弹性、弹塑性、泡沫材料、土壤、岩石、混凝土、炸药、黏性流体等 150 种各种材料模型，并且用户根据需要还可以灵活地自定义材料模型。

（2）易用的单元库。在几何建模中，DYNA 不仅提供了常见的二维、三维实体单元、薄、壳单元、梁单元、束和索单元，并且还提供了特殊用途的弹簧单元、SPH 单元，同时每个单元又提供了多种算法可供选择。

（3）充足的接触形式。DYNA 可提供 50 多种接触分析形式选择，可以解决对柔体对柔体、柔体对刚体、刚体对刚体以及接触面静动力摩擦、流固耦合等问题。

（4）强大的软硬件平台支持。DYNA 支持几乎所有类型的工作站和操作平台。并支持平行运算，可以针对不同的系统进行平行处理运算。

（5）广泛的应用领域。DYNA 在目前应用的领域有汽车工业（碰撞分析）、航空航天（飞机结构冲击力分析）、制造业（冲压锻造模拟）、建筑业（爆破拆除）、国防工业（战斗部结构设计）、电子行业（跌落分析）和石油工业（管道设计）等。

DYNA 软件可以模拟任何复杂结构的计算问题，特别适合求解二维、三维非线性结构的高速碰撞、侵彻和爆炸冲击等非线性动力问题，同时可以求解传热、流体及流固耦合问题。

2.5.2 常用算法

炸药爆炸是一个快速、高温、高压的动态过程，针对爆炸过程产生的非线性大位移、大变形、大转动和大应变问题，DYNA 提供了易于选择的材料非线性模型、接触非线性模型等。它以非线性动力分析为主，兼有静力分析功能；以显式求解为主，并兼有隐式求解功能。它的计算可靠性已经被无数次试验证明，在工程领域被广泛认可为最佳的分析程序。

DYNA 提供的计算方法有 Lagrange 算法、Euler 算法、ALE 算法、SPH 算法。下面就不同算法的适用性和优点做阐述和比较。

（1）拉格朗日（Lagrange）算法。拉格朗日算法主要用于固体结构中中等大变形问题的应力应变分析，它是以物质坐标为基础，网格单元被类似于"雕刻"的形式划分在分析结构上，即拉格朗日法描述的网格与分析结构是融为一体的，从而使物质点变为有限元的节点。分析结构的形状变化和网格的变化保持一致性，物质不会在单元格之间流动。该法的优势在于分析结构的形状变化和网格的变化保持一致性，物质不会在单元格之间流动。对于变形后材料的自由表面，网格能自动地捕捉边界，非常精确地描述结构边界的运动。同时，当处理大变形问题时，在算法本身的限制下，由于材料的流动而造成网格将产生严重的畸变现象，数值计算精度大大降低。尽管可以采用高度变形区网格自适应划分来提高计算精度，但将大大提高分析成本，此法在三维问题方面还没有充分研究、开发。

（2）欧拉（Euler）算法。欧拉算法弥补了拉格朗日算法的不足，它以空间坐标为基础，网格的大小形状和空间位置始终是不变的。数值模拟迭代过程中精度也保持不变。而分析结构类似于流体力学原理，在网格中是可以流动的。分析结构的流动可以自动地形成新的分界面。该方法主要用于解决流体动力学和变形比较大的问题。同时，其不足之处在于分析应变比较小的问题时，为了捕捉固体材料的变形相应需要更精细的网格，极大地提高了数值分析成本。

（3）任意拉格朗日-欧拉（ALE）算法。任意拉格朗日-欧拉算法实质上是将拉格朗日算法和欧拉算法的优点结合起来使用的一种算法，即 Abitrary Lagrange-Euler 算法，简称为 ALE 算法。最初用于流体动力学问题的数值模拟的有限差分法。该法结合了拉格朗日算法和欧拉算法的特长，因此可以有效地跟踪物质结构的边界运动和网格独立于物质实体而存在。具体算法分为 3 步。

1）用显式格式解动量方程，即执行拉格朗日计算步骤。仅仅考虑压力梯度分布对速度和能量的影响，动量方程压力取前一时刻的量；

2）用隐式格式解动量方程。利用上一步求得的速度迭代为求解的初始值；

3）重新划分网格和网格之间输运量的计算。

该法已成为目前解决大应变问题的重要数值分析方法，随着 ALE 技术的完善，DYNA 中发展到多物质 ALE，可用来分析流体-固体耦合方面的问题。目前，DYNA 中 ALE 单元算法主要有单点 ALE、单点多物质 ALE、单点单物质带空洞积分算法。其中，输运算法主要有一阶精度算法和二阶精度算法。ALE 算法与 Lagrange 算法对比，前者的输运步的成本比后者要大得多，计算时间更长，大部分时间被用来计算相邻单元之间的材料运输，仅仅一小部分时间用来计算网格的调整，可以采用较粗的网格来获得较高的精确度。ALE 算法与 Euler 算法相比较，不同地方在于，ALE 网格是空间点网格和附着在材料上的网格的重叠，并伴随着材料在空间网格中流动，Euler 网格是在一个固定的网格中流动。

（4）无网格算法（SPH）。无网格算法是一种只需要节点，而不需要连接成单元的数值方法。无网格算法是为了弥补不断地进行网格重新划分和大大增加计算时间的不足，从源头解决完全避免网格的约束而提出来的，即无网格（meshless method）思想。无网格可以解决一些传统数值模拟比较棘手的问题，与传统方法比较，优点在于：1）没有网格大大减少了单元划分的工作；2）容易进行自适应分析和构造高阶形状函数，提高了数值模拟精度；3）可以很好地解决传统数值方法中的超大变形、裂纹扩展、高速碰撞问题。作为一门新的数值分析方法，无网格算法依然存在着自身的不足：1）缺少坚实的理论基础和严格的数学证明。尽管有限元的一些理论适用于无网格算法，但却在收敛性、一致性、误差分析方面没有严格的数学证明；2）采用复杂的无网格插值和较大的带宽使得计算量大、效率低；3）引入了一些未确定的参数，如插值域大小、背景积分域大小等；4）没有成熟的商用软件包，在工程与科学方面研究不够。

由于 LS-DYNA 程序的卓越功能，该软件在各个领域都有较为广泛的应用。再加上 ANSYS 为其提供的强大前后处理功能，使数值模拟的建模和后处理更加方便。

参 考 文 献

[1] Manogg P. Anwendung der schattenoptik zur untersuchung des zerreissvorgangs von platten [D]. West Germany: University of Freiburg, 1964.

[2] Theocaris P S. Local yielding around a crack tip in plexiglas [J]. Journal of Applied Mechanics, 1970, 37 (2): 409-415.

[3] Theocaris P S. Reflected shadow method for the study of constrained zones in cracked plates [J]. Applied Optics, 1971, 10 (10): 2240-2274.

[4] Theocaris P S. The reflected caustics method for the evaluation of mode Ⅲ stress intensity factor [J]. International Journal of Mechanical Sciences, 1981, 23 (2): 105-117.

［5］ Kalthoff J F, Beinert J, Winkler S. Dynamic stress intensity factors for arresting cracks in DCB specimens ［J］. International Journal of Fracture, 1976, 12 (2): 317-319.

［6］ 苏先基, 韩雷, 伍小平. 反射型多火花摄影系统及其在动态试验力学中的应用 ［J］. 试验力学, 1986, 1 (4): 336-344.

［7］ 杨仁树. 岩石炮孔定向断裂控制爆破机理动焦散试验研究 ［D］. 北京: 中国矿业大学 (北京) 力学与建筑工程学院, 1997.

［8］ Zehnder A T, Rosakis A J, Krishnaswamy S. Dynamic measurement of the J integral in ductile metals: Comparison of experimental and numerical techniques ［J］. International Journal of Fracture, 1990, 42: 209-230.

［9］ Zehnder A T, Rosakis A J. Dynamic fracture initiation and propagation in 4340 steel under impact loading ［J］. International Journal of Fracture, 1990, 43: 271-285.

［10］ Suetsugu M, Shimizu K, Takahashi S. Dynamic fracture behavior of ceramics at elevated temperatures by caustics ［J］. Experimental Mechanics, 1998, 38 (1): 1-7.

［11］ Papadopoulos G A, Papanicolaou G C. Dynamic crack propagation in rubber-modified ［J］. Journal of Materials Science, 1988, 23: 3421-3434.

［12］ Papadopoulos G A. Crack propagation in PCBA-PMMA sandwich plates ［J］. Journal of Materials Science, 1991, 26: 569-578.

［13］ Chao Y J, Luo P F, Kalthoff J F. An experimental study of the deformation fields around a propagating crack tip ［J］. Experimental Mechanics, 1998, 38 (2): 79-85.

［14］ Nigam H, Shukla A. Comparison of the techniques of transmitted caustics and photoelasticity as applied to fracture ［J］. Experimental Mechanics, 1988, 7: 123-130.

［15］ Arakawa K, Nagoh D, Takahashi K. Crack velocity and acceleration effects on the dynamic stress intensity factor in polymers ［J］. International Journal of Fracture, 1997, 83 (4): 305-313.

［16］ Yao X F, Xu W, Yeh H Y. Investigation of crack tip evolution in functionally graded materials using optical caustics ［J］. Polymer Testing, 2007, 26 (1): 122-131.

［17］ 励争, 苏先基, 傅滨. 水泥石动态断裂韧性的试验研究 ［J］. 力学与实践, 1999, 21 (1): 41-44.

［18］ 杨仁树, 杨立云, 岳中文, 等. 爆炸荷载下缺陷介质裂纹扩展的动焦散试验研究 ［J］. 煤炭学报, 2009, 34 (2): 187-192.

［19］ Peters W H, Ranson W F. Digital Imaging Techniques in Experimental stress analysis ［J］. Optical Engineering, 1982, 21 (3): 427-431.

［20］ Chu T C, Ranson W F, Sutton M A. Applications of digital-image-correlation techniques to experimental mechanics ［J］. Experimental Mechanics, 1985, 25 (3): 232-244.

［21］ Sutton M A, Cheng M, Peters W H, et al. Application of an optimized digital correlation method to planar deformation analysis ［J］. Image and Vision Computing, 1986, 4 (3): 143-150.

［22］Tian Q, Huhns M N. Algorithms for subpixel registration ［J］. Computer Vision Graphics & Image Processing, 1986, 35 （2）: 220-233.

［23］Sutton M A, Mcneill S R, Jang J, et al. Effects of sub-pixel image restoration on digital correlation error ［J］. Optical Engineering, 1988, 10 （27）: 870-877.

［24］金观昌, 孟利波, 陈俊达, 等 . 数字散斑相关技术进展及应用 ［J］. 实验力学, 2006 （6）: 689-702.

3 高应力岩体中爆炸应力波的传播规律

3.1 概述

在深部岩土爆破施工过程中，岩土介质处于高地应力环境中，深部岩土的爆破破坏形式与浅部岩土的有较大差异。深部岩体的爆破致裂是爆炸应力场和高地应力场共同作用下的动态响应。其中，爆炸应力场是动态应力场，地应力场则是典型的静态应力场。深部岩体爆破物理本质是爆破应力波在初始高应力岩体介质中传播、衰减及其对岩体做功的过程。国内学者高全臣[1]、刘殿书[2]、肖正学等人[3]采用动光弹模型试验，对初始静态应力条件中的爆破应力波的传播过程进行了研究，指出初始应力状态改变了爆破应力波的均匀传播特征，且不同的初始应力对应力波形传播过程的影响也不相同。但对于初始应力场对爆炸应力波传播规律的影响效应研究较少，尤其是高应力场中爆生应力场的传播特征。

本章利用模型试验，采用超高速数字图像相关试验方法，分析含初始静态应力场岩体中爆破应变场的时空演化过程，探讨爆破应力波在深部地应力场中的传播规律，揭示动静组合应力场中静态应力场和爆破应力场的叠加规律。

3.2 高应力岩体爆破的 DIC 试验

高应力岩体爆破的 DIC 试验利用第 2 章的超高速数字图像相关试验和动静组合加载装置进行。采用的模型材料为聚碳酸酯（PC）板材，PC 的相关材料参数见表 3-1，其尺寸规格为 315mm×285mm×8mm，试件中间预制直径 6mm、深 6mm 的非贯穿炮孔。在炮孔未贯穿的一侧打印散斑，爆炸后爆生气体从试件另一侧溢出，从而避免对高速相机视场的影响。利用第 2 章中介绍的 UV 平板打印技术在模型表面打印散斑，散斑点直径为 1.2mm，散斑密度 75%，散斑不规则度 75%。本试验主要研究爆破全场应变，并不关注爆生裂纹的扩展形态，因此，采用较小的装药量（80mg）避免在炮孔周边产生明显裂纹。

表 3-1　PC 材料的相关参数

密度 /kg·m⁻³	纵波波速 /m·s⁻¹	横波波速 /m·s⁻¹	动态弹性模量 /GPa	动态剪切模量 /GPa	动态泊松比
1449	2125	1090	4.548	1.722	0.321

本试验共有 3 组试件，以静态应力场 σ 为试验变量，试件编号分别为试件 T1（$\sigma = 0$MPa）、试件 T2（$\sigma = 3$MPa）和试件 T3（$\sigma = 6$MPa）。其中，试件 T1 不施加静态应力，试件 T2、试件 T3 分别施加竖向 3MPa 和 6MPa 载荷，待压力稳定之后起爆炸药，完成静态应力场和爆炸动态应力场的耦合加载试验。

试验过程中，采用超高速相机进行拍摄试件表面的散斑图像，然后进行分析。DIC 计算区域如图 3-1 所示，为了便于描述和分析，以炮孔中心为坐标原点建立坐标系，每组试件均选取位于相同位置的 4 个测点进行分析，由于炮孔夹具阻挡，选取的 4 个测点坐标分别为 P1（4cm，4cm）、P2（6cm，6cm）、P3（8cm，8cm）和 P4（10cm，10cm）。

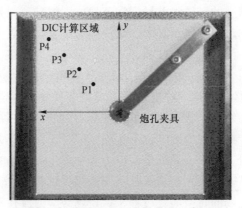

图 3-1   计算区域与测点位置示意图

3.3   应变场的时空演化特征

由于采用较硬的聚碳酸酯模型材料，爆破后炮孔近区（3 倍炮孔半径）内产生一些裂隙，在炮孔远区没有产生明显裂纹和其他变形，说明炮孔远区主要以弹性应力波为主，可以采用弹性波理论分析炮孔远区的应力波和应力场时空分布特征。

以施加初始静态压应力后的第一张散斑照片为基准，炸药起爆时刻为 $t = 0$μs，计算得到试件 T1（$\sigma = 0$MPa）、T2（$\sigma = 3$MPa）和 T3（$\sigma = 6$MPa）的最大主应变场的时空演化过程，如图 3-2 所示。

图 3-2 直观地表示了爆炸应力波在施加静态压应力介质中的传播过程：（1）炸药起爆后，$t = 15$μs，计算区域内出现以炮孔为中心的圆形应变区，应变区周边应变值较小，内部应变值较大；随着时间的增加，圆形应变区面积逐渐增大，$t = 60$μs 时，圆形应变区的外边缘出现"条带"状影响区域，条带区域受到明显应力作用，条带内外侧应变逐渐恢复；这一现象在 $t = 75$μs 时更为显著，爆炸应力波的影响范围呈"圆环"状在介质平面内传播扩展；$t = 90$μs 时，"圆环"

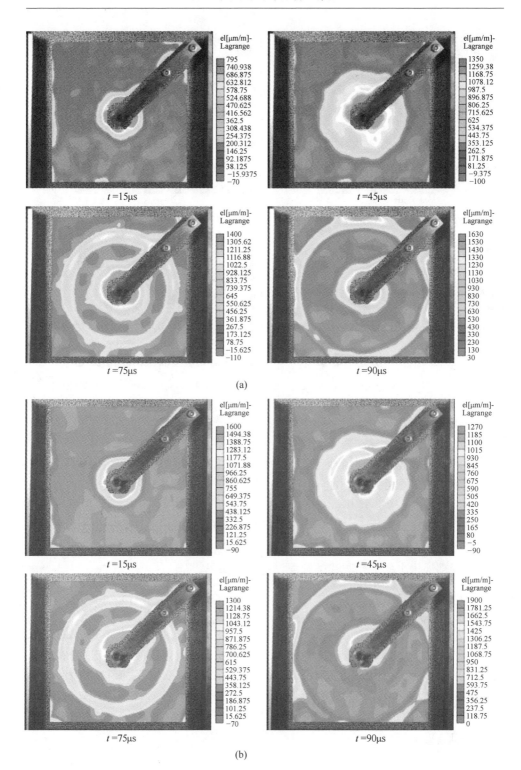

(a)

(b)

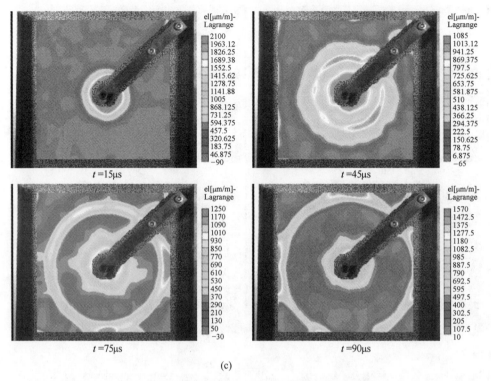

(c)

图 3-2　全场主应变 $\varepsilon_{\max}$ 演化过程

（a）试件 T1；（b）试件 T2；（c）试件 T3

扩展至计算区域边界，即爆炸应力波的传播到达计算区域的边界位置。（2）试件 T2、试件 T3 的相关应变的全场演化过程与试件 T1 基本保持同步性和一致性，并无明显差异。

　　因此，就直观整体上对爆炸应变场的时空演化过程而言，在炮孔远区范围内静态应力场的存在对爆炸应变场的时空分布特征没有影响效应，间接说明爆炸应力波在深部地层中的传播与浅部地层没有明显差异。

3.4　爆炸应变的衰减规律

　　提取本书第 3.2 节中选取的 4 个测点的时间-应变数据，经去噪和平滑处理，得到图 3-3~图 3-5 所示的测点横向应变和最大主应变时程曲线。（1）各测点处的横向应变 ε_{xx} 均呈现正弦型变化，即横向应力状态为先受压后受拉；（2）各测点处的最大主应变 $\varepsilon_{\max}$ 均呈现单峰型变化，最大主应变达到峰值以后迅速衰减；（3）无论是否施加静态应力场，测点 P1、P2、P3 和 P4 相关的应变峰值均逐渐衰减，且衰减幅值也基本一致。

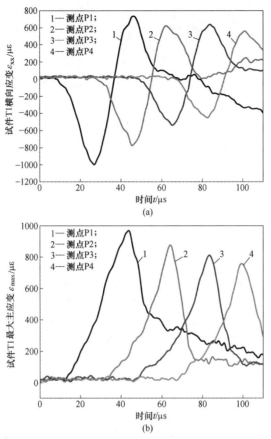

图 3-3　试件 T1 测点处应变时程曲线

（a）横向应变 ε_{xx}；（b）最大主应变 ε_{max}

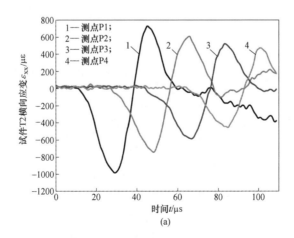

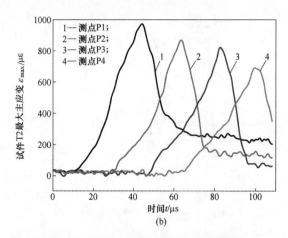

(b)

图 3-4　试件 T2 测点处应变时程曲线

（a）横向应变 ε_{xx}；（b）最大主应变 ε_{max}

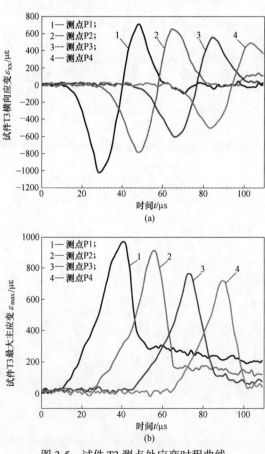

(a)

(b)

图 3-5　试件 T3 测点处应变时程曲线

（a）横向应变 ε_{xx}；（b）最大主应变 ε_{max}

　　统计各测点横向应变和最大主应变的峰值，得到表 3-2：（1）试件 T1 的应变峰值由测点 P1 处的 $980\mu\varepsilon$ 衰减至测点 P4 处的 $763\mu\varepsilon$；（2）试件 T2 的应变峰值由测点 P1 处的 $989\mu\varepsilon$ 衰减至测点 P4 处的 $722\mu\varepsilon$；（3）试件 T3 的应变峰值由测点 P1 处的 $975\mu\varepsilon$ 衰减至测点 P4 处的 $729\mu\varepsilon$；（4）结合应变时程曲线和表中相关统计数据，发现静态应力场的存在对动态应变衰减规律亦无明显影响，进一步定量指出静态应力场的存在对爆炸应变场的时空分布特征和应力波的传播没有影响的结论。

表 3-2　各试件测点处的应变峰值

试件	应变值/$\mu\varepsilon$	P1	P2	P3	P4
试件 T1	ε_{xx}峰值	−972	−793	−550	−456
	ε_{max}峰值	980	868	815	763
试件 T2	ε_{xx}峰值	−990	−758	−586	−465
	ε_{max}峰值	989	873	830	722
试件 T3	ε_{xx}峰值	−1033	−792	−610	−514
	ε_{max}峰值	975	915	783	729

　　图 3-6 所示为根据 3 个试件的相关测点数据拟合的最大主应变 ε_{max} 与炮孔距离 s 的曲线，二者之间的拟合关系为：$\varepsilon_{max} = 697 + 718e^{0.166s}$，最大主应变随着距离的衰减是非线性的。

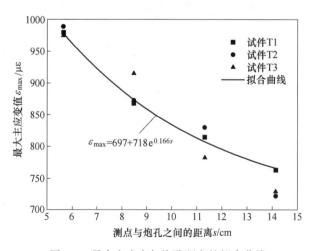

图 3-6　最大主应变与炮孔距离的拟合曲线

3.5　动静组合应力场的叠加特性

　　前面的分析是基于施加静态压应力后的第一张散斑照片为参考图像，得到了含初始静态应力场中爆破应变场的时空演化过程和爆破应力波的传播与衰减规律。下面以不施加静态压应力作用时的试件（自由试件）散斑照片为参考图像进行计算，研究静态应力场和爆破应力场叠加后的动静组合应力场的时空分布特征。图3-7给出的了$t=45\mu s$时刻各试件的竖向应变e_{yy}方向应变场云图（限于篇幅，其他方向应变云图省略）。

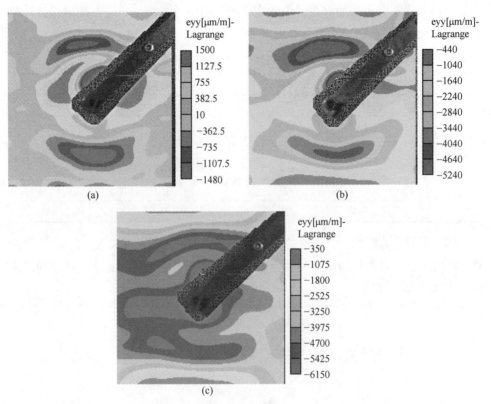

图3-7　$t=45\mu s$时竖向应变场ε_{yy}云图

（a）试件T1；（b）试件T2；（c）试件T3

　　由于施加了不同的静态竖向应力，动静组合应变场分布发生了明显的改变，随着初始静态应力场的增加，动静组合应力场中的应力增大。提取各试件中P1点的竖向应变e_{yy}的时程曲线（限于篇幅，其他测点省略），得到图3-8：（1）试件T2和T3分别在3MPa和6MPa静态应力场作用下，P1处的静态竖向应变分别为$-2615\mu\varepsilon$和$-5040\mu\varepsilon$；（2）试件T1（$\sigma=0$MPa）的P1处竖向应变最小值为$-882\mu\varepsilon$，竖向应变最大值为996$\mu\varepsilon$，试件T2（$\sigma=3$MPa）的P1处竖向应变最小值为$-3542\mu\varepsilon$，竖向应变最大值为$-1630\mu\varepsilon$，试件T3（$\sigma=6$MPa）的P1处竖向应变最小值为$-5817\mu\varepsilon$，竖向应变最大值为$-3860\mu\varepsilon$。分析上述数据，发现测点P1处的应变满足如下关系：

试件 T1 （σ=0MPa）+静态应力场 （σ=3MPa）= 试件 T2 （σ=3MPa）

试件 T1 （σ=0MPa）+静态应力场 （σ=6MPa）= 试件 T3 （σ=6MPa）

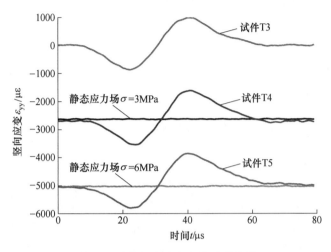

图 3-8　动静组合应变场的时程曲线

综上分析，可以得出动静组合应力场中，炮孔远区内任一点应变 ε 等于静态应变 $\varepsilon_{静}$ 和动态应变 $\varepsilon_{动}$ 之和，$\varepsilon = \varepsilon_{静} + \varepsilon_{动}$，即深部岩体静态应力场和爆破应力场满足线性叠加规律。

参 考 文 献

［1］高全臣，赫建明，冯贵文，等．高应力岩巷的控制爆破机理与技术［J］．爆破，2003，20（S）：52-55.

［2］刘殿书，谢夫海．初始应力条件下爆破机理的动光弹试验研究［J］．煤炭学报，1999（6）：611-614.

［3］肖正学，张志呈，李端明．初始应力场对爆破效果的影响［J］．煤炭学报，1996（5）：497-501.

4 高应力岩体爆生裂纹的扩展行为

4.1 概述

深部高应力岩石爆破破坏过程是裂纹在动静组合载荷作用下起裂、扩展、贯通或止裂的过程。围绕初始静态应力场中爆生裂纹扩展行为研究，Kutter 和 Fairhurst[1] 发现了初始静态应力场中爆生裂纹扩展行为与自由应力场中的差异，发现爆生裂纹优先向静态应力场中最大主应力方向扩展的现象。Rossmanith 和 Knasmillner 等人[2] 通过试验发现静态应力场对爆生裂纹的扩展路径具有明显的影响，爆生裂纹会逐渐向最大主应力方向靠拢，且裂纹方向与压应力场方向倾斜时，静态压应力场对裂纹的扩展起到阻碍的作用。杨立云[3] 采用焦散线试验分析了深部岩体爆破后裂纹起裂方位，发现静态地应力载荷在炮孔周围首先产生应力集中，继而在动态爆炸载荷的叠加作用下，裂纹优先在炮孔壁上最大拉应力集中位置处起裂并扩展，揭示了深部岩体爆生裂纹的起裂行为。白羽、朱万成等人[4] 采用 RFPA-Dynamic 数值计算方法分析了动静组合应力场中爆生裂纹的分布特征，得到了相同的现象。

本章采用动静组合加载试验装置和数字激光焦散线试验系统，研究不同竖向静态载荷和相同爆炸载荷的组合叠加作用下爆生裂纹的分布特征和扩展行为，对比分析沿静态主应力方向扩展的裂纹的运动学行为和力学行为，揭示了炮孔周围爆生裂纹的分布和扩展规律。

4.2 高应力岩体中单炮孔爆破试验

4.2.1 试验过程

高应力岩体单炮孔爆破试验采用本书第 2 章介绍的新型数字激光动态焦散线试验系统和自主设计的用于模拟深部岩石爆破致裂的动静组合加载系统。模型材料选用 PMMA，其动态力学参数为：纵波波速 $v_p = 2125\text{m/s}$，横波波速 $v_s = 1090\text{m/s}$，弹性模量 $E_d = 3.595\text{GN/m}^2$，泊松比 $\nu_d = 0.32$，光学常数 $c_t = 0.08\text{m}^2/\text{GN}$。试件几何尺寸为 315mm×285mm×10mm，炮孔直径 6mm，位于试件中央。为研究静态应力场对爆生裂纹分布与动态行为的影响，共设计了 4 组试验方案。其中，动态加载方案保持一致，装药量均为 120mg 叠氮化铅；静态加载方案分别为 0MPa、3MPa、6MPa、9MPa，依次编号为 S1~S4。

4.2.2 炮孔周围应力集中

如图 4-1 所示，在竖向载荷作用下，试件中的预制炮孔周围产生应力集中，形成了哑铃状的焦散斑，其中，在炮孔壁上最大主应力方向位置处产生最大拉应力。随着围压（竖向载荷）的增加，焦散斑增大，说明圆孔周围的应力集中程度也越来越强。由于 PMMA 材料的强度和板材的结构整体稳定问题，竖向载荷只施加到 9MPa，没有继续再向上增加。

对不同阶段的围压载荷下的哑铃状焦散斑特征长度 D 值进行测量，测量结果见表 4-1。当竖向载荷为 0MPa 时，圆孔周围没有焦散斑（试验中在圆孔的右下方产生的阴影是由于试件加工与光线与试件的夹角影响）。

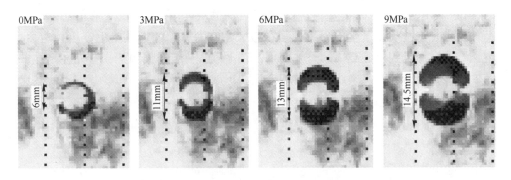

图 4-1　围压作用下炮孔周围焦散线

考虑一个半径为 R 的圆形炮孔在无限大平面内受到竖直应力 p 和水平应力 q 的作用（其中 $p>q$），炮孔产生拉应力集中，形成哑铃状焦散斑。根据焦散线理论，测量哑铃状焦散斑长度 D，得到炮孔周边的主应力差计算式[5]为：

$$p - q = \frac{1}{12 \times (2.67)^4 z_0 cdR^2} D^4 \tag{4-1}$$

依据式（4-1）对不同围压载荷差值 $p-q$ 下的焦散斑特征长度 D 值进行理论计算，计算结果见表 4-1。从表 4-1 中可见，理论计算结果与试验结果吻合良好；产生的偏差，主要是由于高速相机像素有限带来的测量误差。

表 4-1　炮孔周围静态焦散线结果

$p\text{-}q$/MPa　　　　D/mm	0	3	6	9
理论计算结果	0	11.1	13.2	14.6
试验测量结果	0	11	13	14.5

4.2.3　炮孔周围裂纹分布

图 4-2 所示给出了爆破后的试件照片。试件 S1 在单一爆破载荷作用下，炮孔近区由冲击波作用产生了密集细小裂纹；在炮孔中远区内，形成了 4 条扩展较长的主裂纹，这主要是爆生气体的高压射流作用于孔壁，加大裂纹尖端的拉应力，驱动裂纹扩展；同时，爆炸应力波在裂纹尖端发生反射和绕射，产生拉应力波，进一步加剧裂纹尖端的拉应力集中，驱动裂纹扩展。试件 S2、S3 和 S4 上炮孔周围裂纹分布呈明显的规律性：只产生了两条爆生主裂纹，且方向沿着最大主应力方向（竖向载荷方向），呈现了较好的控制爆破效果（切槽爆破和切缝药包）。

试件 S2、S3 和 S4 受静态载荷和爆破载荷的双重作用：首先，在静态竖向载荷作用下，炮孔周围产生应力集中，在最大主应力方向的炮孔壁上产生拉应力；继而，炮孔壁受到爆破载荷的叠加作用。在动静载荷组合作用下，首先在炮孔壁上的最大拉应力处产生裂纹，裂纹的产生和扩展释放了能量，间接减少了炮孔壁上其他裂纹的形成与扩展。

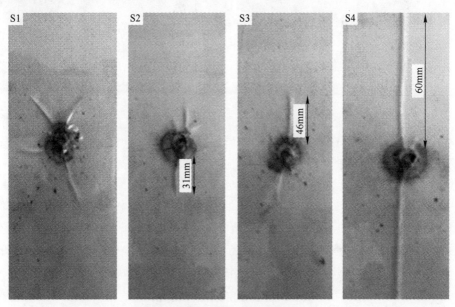

图 4-2　爆破后的试件

4.2.4　爆生主裂纹的运动行为

图 4-3 给出了试件 S4 试验过程中，不同时刻的焦散线照片。试件 S1 的裂纹扩展呈随机性，而试件 S2、S3 和 S4 的裂纹在竖向载荷作用下主要向最大主应力

方向扩展。因此，对试件 S2、S3 和 S4 的裂纹扩展轨迹进行测量，根据不同时刻焦散线照片上记录的裂纹尖端位置绘制裂纹位移时间曲线，如图 4-4 所示。

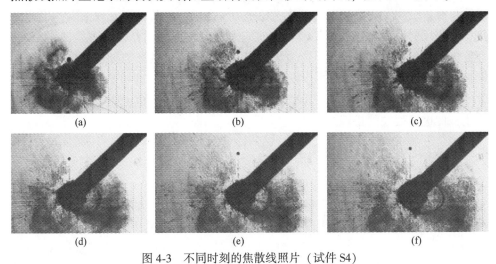

图 4-3 不同时刻的焦散线照片（试件 S4）

（a）160μs；（b）200μs；（c）240μs；（d）280μs；（e）320μs；（f）360μs

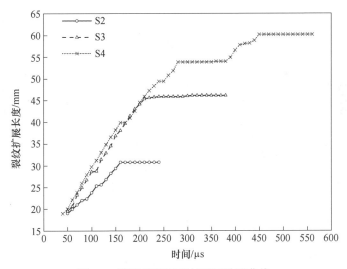

图 4-4 裂纹扩展长度与时间关系曲线

结合图 4-3 和图 4-4 中所示，试件 S2、S3 和 S4 的爆破主裂纹扩展长度分别为 31mm、46mm 和 60mm，说明随着竖向静态载荷的增加，在最大主应力方向（竖向载荷方向）的爆生裂纹扩展长度增长。原因仍然主要是竖向静态载荷值越大，炮孔壁上最大主应力方向的拉应力越大，继而在爆破载荷作用下，越容易在此处产生破坏，首先出现裂纹，导致能量优先继续在该位置释放，驱动裂纹扩展长度最大。

如图 4-4 所示，试件 S2 的裂纹在 160μs 时停止扩展；试件 S3 在 220μs 时停止扩展；试件 S4 的爆生主裂纹扩展过程中，在 270~380μs 之间停止扩展，然后继续扩展，出现了一段停滞期。这主要是由于竖向静态载荷在裂纹尖端产生应力集中，与反射应力波在裂纹尖端产生的应力集中叠加作用，在双重叠加作用下，裂纹尖端积聚了足够的能量，应力集中程度超过了试件的断裂韧性，推动裂纹继续扩展。另外，从图 4-4 中可以发现试件 S2~S4 的扩展速度明显不同。其中，试件 S2 的平均扩展速度最小，S3 次之，S4 扩展速度最大。也说明了静态竖向载荷作用，促进了裂纹的扩展。

4.2.5 主裂纹尖端应力强度因子

测量图 4-3 中不同时刻的焦散斑直径，代入式（2-49）计算出应力强度因子值，绘制裂纹尖端应力强度因子与时间的关系曲线，如图 4-5 所示。可见：（1）各试件主裂纹的应力强度因子值具有明显差异，其中 S4 最大，S3 次之，S2 最小；（2）试件 S4 的应力强度因子最大值为 $3.71\text{MPa}\cdot\text{m}^{1/2}$，试件 S3 最大值为 $2.78\text{MPa}\cdot\text{m}^{1/2}$，试件 S2 的最大值为 $2.26\text{MPa}\cdot\text{m}^{1/2}$。主要原因仍然是竖向静态载荷在裂纹尖端产生应力集中，竖向载荷越大，产生的应力集中程度越大。

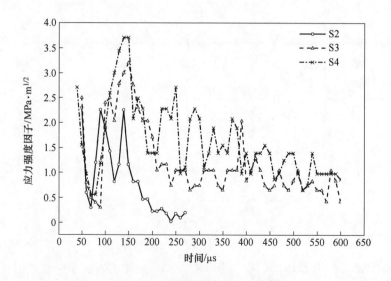

图 4-5 应力强度因子与时间关系

4.3 高应力岩体中裂纹力学行为试验

第 4.2 节对爆破后炮孔周围的爆生主裂纹进行了研究，发现主裂纹分布在最大主应力方向并扩展。为了更进一步揭示爆生裂纹的普适扩展规律，在本节试验中首先预制一个倾斜的初始裂纹，代表一个普通的爆生裂纹，分析爆炸载荷和初始压应力耦合作用下该预制裂纹的后续起裂、扩展等行为。

4.3.1 裂纹的力学模型

考虑无限大平板，板的长度和宽度都为无限大，平板的竖向方向作用有均布压应力 p。板的中心有一炮孔和一长度为 $2a$ 的倾斜狭槽裂纹，裂纹与水平轴的夹角为 θ，如图 4-6 所示。

裂纹在静态均布压应力 p 作用下的应力状态可以表示为：

$$\begin{cases} \sigma_\theta = p\cos^2\theta \\ \tau_\theta = p\sin\theta\cos\theta \\ \sigma_t = p\sin^2\theta \end{cases} \tag{4-2}$$

式中，σ_θ、τ_θ 和 σ_t 分别为裂纹面上应力分量（见图 4-6）。

裂纹尖端的静态应力强度因子可以表示为

$$\begin{cases} K_I = -\sigma_\theta\sqrt{\pi a} = -p\sqrt{\pi a}\cos^2\theta \\ K_{II} = -\tau_\theta\sqrt{\pi a} = -p\sqrt{\pi a}\sin\theta\cos\theta \end{cases} \tag{4-3}$$

式中，K_I 和 K_{II} 分别表示 I 型和 II 型应力强度因子；可见，K_I 和 K_{II} 均小于零。当 I 型裂纹尖端应力强度因子为负值时，说明裂纹尖端无应力集中，裂纹为压剪型。

爆炸载荷作用下，裂纹受到爆炸应力波和爆生气体的双重作用。爆破理论认为，裂纹扩展初期主要是爆破应力波动作用，后期主要是爆生气体的准静态作用。由于应力波与裂纹相互作用的复杂性，这里主要分析爆

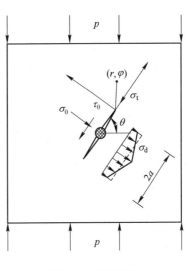

图 4-6　裂纹模型

生气体对裂纹扩展后期的作用效应。裂纹受力可简化等效为 σ_d 的线性应力载荷。该载荷作用下，裂纹为 I 型裂纹，裂纹尖端产生应力集中。根据《应力强度因子手册》，裂纹尖端应力强度因子为

$$\begin{cases} K_I = \sigma_d\sqrt{\pi a} \\ K_{II} = 0 \end{cases} \tag{4-4}$$

根据线弹性力学中的叠加原理，将式（4-3）、式（4-4）代入弹性断裂力学

中 Williams 裂纹尖端渐近应力场表达式[6]，并考虑非奇异项，有

$$
\begin{cases}
\sigma_r = \dfrac{1}{2}\sqrt{\dfrac{a}{2r}}\left[\sigma_d(3-\cos\varphi)\cos\dfrac{\varphi}{2} - p\sin\theta\cos\theta(3\cos\varphi-1)\sin\dfrac{\varphi}{2}\right] - p\cos2\theta\cos^2\varphi \\[3mm]
\sigma_\varphi = \dfrac{1}{2}\sqrt{\dfrac{a}{2r}}\cos\dfrac{\varphi}{2}\left(\dfrac{1}{2}\sigma_d\cos^2\dfrac{\varphi}{2} + 3p\sin\theta\cos\theta\sin\varphi\right) - p\cos2\theta\sin^2\varphi \\[3mm]
\tau_{r\varphi} = \dfrac{1}{2}\sqrt{\dfrac{a}{2r}}\cos\dfrac{\varphi}{2}\left[\sigma_d\sin\varphi - p\sin\theta\cos\theta(3\cos\varphi-1)\right] + p\cos2\theta\sin\varphi\cos\varphi
\end{cases}
\tag{4-5}
$$

当裂纹倾角 $\theta=45°$ 时，上式（4-5）简化为

$$
\begin{cases}
\sigma_r = \dfrac{1}{2}\sqrt{\dfrac{a}{2r}}\left[\sigma_d(3-\cos\varphi)\cos\dfrac{\varphi}{2} - \dfrac{p}{2}(3\cos\varphi-1)\sin\dfrac{\varphi}{2}\right] \\[3mm]
\sigma_\varphi = \dfrac{1}{2}\sqrt{\dfrac{a}{2r}}\cos\dfrac{\varphi}{2}\left(\dfrac{1}{2}\sigma_d\cos^2\dfrac{\varphi}{2} + \dfrac{3p}{2}\sin\varphi\right) \\[3mm]
\tau_{r\varphi} = \dfrac{1}{2}\sqrt{\dfrac{a}{2r}}\cos\dfrac{\varphi}{2}\left[\sigma_d\sin\varphi - \dfrac{p}{2}(3\cos\varphi-1)\right]
\end{cases}
\tag{4-6}
$$

根据复合型裂纹的最大周向拉应力起裂准则 $\dfrac{\partial\sigma_\varphi}{\partial\varphi}=0$，得裂纹起裂角 φ 须满足下式

$$
p\left(2\cos\dfrac{\varphi}{2}\cos\varphi - \sin\dfrac{\varphi}{2}\sin\varphi\right) = \sigma_d\cos^2\dfrac{\varphi}{2}\sin\varphi
\tag{4-7}
$$

可见 p 与 σ_d 的值决定着裂纹扩展角度。当 $\sigma_d=0$ 时，$\varphi=70.5°$。表示裂纹仅在静态压应力载荷 p 作用下为纯剪切 Ⅱ 型裂纹；当 $p=0$ 时，$\varphi=0°$，表示裂纹仅在动态载荷 σ_d 作用下为张开型 Ⅰ 型裂纹。这与以往文献中的试验现象相同。当 p 与 σ_d 均不为 0 时，裂纹为 Ⅰ-Ⅱ复合型，裂纹沿 φ（$0°<\varphi<70.5°$）起裂扩展。

4.3.2　试验过程

根据早期试验研究发现，初始应力场的存在，引起炮孔周围应力集中，进而影响爆生裂纹的分布。鉴于本试验目的是研究初始应力场对爆生裂纹扩展行为的影响，因此采用如图 4-7 所示的试件模型，首先在炮孔中心两侧预制长裂纹来模拟早期阶段爆生裂纹。试件中心是半径 3mm 的炮孔，炮孔两侧预制长度为 50mm 的 45°倾斜预制裂纹，试件上、下表面施加均布荷载 σ。根据均布荷载 σ 的不同，试验分为 4 组，分别记作 S5（$\sigma_d=0$，即只施加静态载荷 σ），S6（$\sigma=0\text{MPa}$）、S7（$\sigma=2\text{MPa}$）和 S8（$\sigma=4\text{MPa}$）。

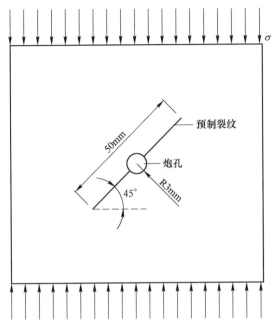

图 4-7　试件示意图

试验采用叠氮化铅作为起爆药，起爆药装入铜管中，然后将铜管嵌入炮孔中，单孔装药量为 180mg，起爆方式为电起爆。

4.3.3　试件破坏形态

如图 4-8（a）所示为试件 S5 在仅施加静态压应力载荷 p 下的破坏形态。可见，在单独竖向静态压应力 σ 作用下，当 σ = 8.2MPa 时，预制裂纹尖端在剪切作用下，沿 70° 方向起裂，与本书第 4.3.1 节的力学模型分析结果相吻合。裂纹起裂后，其受力情况发生改变，裂纹向竖向载荷方向偏转。关于该裂纹在静态载荷作用下扩展中的力学行为特征这里不再赘述。

图 4-8（a）～（c）所示为试件 S6、S7 和 S8 的爆后裂纹破坏形态。首先看试件 S6 在仅施加爆破载荷下的破坏形态。可见，裂纹继续沿原来方向扩展，且后期也无偏转说明爆破载荷下，裂纹后期扩展主要是 I 型断裂。与本书第 4.3.1 节的理论分析结果相符。

另外，如图 4-8 所示，预制裂纹两侧的爆生裂纹的扩展形态基本一致，本节把上方爆生裂纹为研究对象进行分析。爆破后，发现在预制裂纹端部形成一条较长的爆生主裂纹和一条较短的爆生次裂纹，随着初始应力 σ 的增大，爆生主裂纹的扩展方向逐渐向主应力方向偏转。

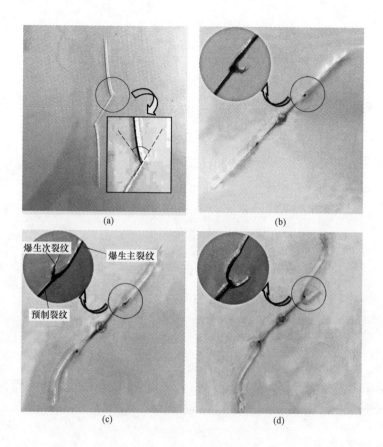

图 4-8 试件破坏形态

（a）S5（$\sigma = 8.2$MPa）；（b）S6（$\sigma = 0$MPa）；（c）S7（$\sigma = 2$MPa）；（d）S8（$\sigma = 4$MPa）

图 4-9 所示为 3 组试件破坏过程中的动态焦散线照片。试件 S6 起爆后，预制裂纹端部出现明显焦散斑，爆生主裂纹不断向前扩展，爆生气体紧随其后，从裂纹起裂至止裂，爆生主裂纹扩展路径平直，焦散斑形状基本为 Ⅰ 型，这更进一步说明裂纹后期扩展主要是 Ⅰ 型断裂。试件 S7、S8 的爆生主裂纹扩展过程中，裂纹尖端焦散斑形状由 Ⅰ 型向 Ⅰ - Ⅱ 复合型过渡，爆生主裂纹的扩展逐渐向初始主应力方向偏转，扩展路径曲折。说明裂纹扩展初期，爆生气体 σ_d 相对静态载荷 σ 幅值较大，作用更显著，表现为 Ⅰ 型破坏；随着爆生气体作用减弱和裂纹向前增长，静态载荷的作用越来越显著，发生偏转，表现为 Ⅰ - Ⅱ 复合型破坏。

试件 S6、S7 和 S8 的爆生主裂纹止裂时间分别为 270μs、220μs 和 170μs，可见随着初始应力 σ 的增大，爆生主裂纹的扩展总时间也逐渐减小。

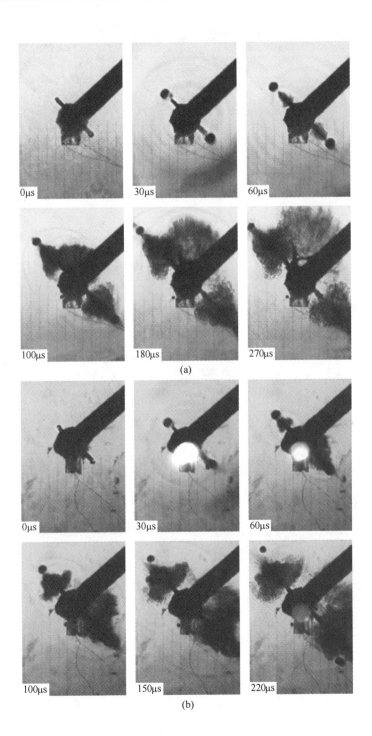

(a)

(b)

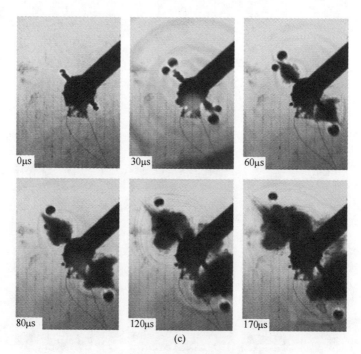

图 4-9   试件破坏过程动态焦散线照片

(a) S6 ($\sigma=0$MPa)；(b) S7 ($\sigma=2$MPa)；(c) S8 ($\sigma=4$MPa)

4.3.4 裂纹尖端应力强度因子

图 4-10 所示为 3 组试件爆生主裂纹扩展过程中的 I 型动态应力强度因子 K_I^d

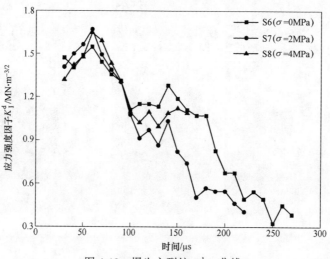

图 4-10   爆生主裂纹 K_I^d -t 曲线

随时间 t 的变化曲线，3 组试件的 K_I^d 变化趋势基本一致，预制裂纹端部发生应力集中后，K_I^d 逐渐增加，随后起裂，3 组试件的 K_I^d 均在 $60\mu s$ 左右达到峰值，分别为 $1.55MN/m^{3/2}$、$1.67MN/m^{3/2}$ 和 $1.65MN/m^{3/2}$。此后，K_I^d 不断减小直至止裂。

图 4-11 所示为试件 S7 和 S8 爆生主裂纹扩展过程中的 Ⅱ 型动态应力强度因子随时间 t 的变化曲线，试件 S6 基本为 Ⅰ 型破坏而无明显 Ⅱ 型破坏。对于试件 S7，$80\mu s$ 时开始发生 Ⅱ 型破坏；对于试件 S8，$60\mu s$ 时开始发生 Ⅱ 型破坏，可见随着初始应力 σ 的增大，试件发生 Ⅱ 型破坏的时间会显著提前。随后，均随时间迅速减小直至止裂。整个过程中，试件 S8 的爆生主裂纹尖端的始终大于试件 S7 的，可见随着初始压应力 σ 的增大，Ⅱ 型破坏愈加显著。

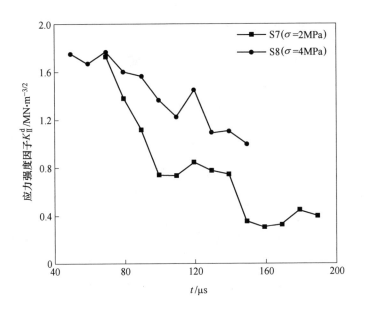

图 4-11 试件 S7 和 S8 爆生主裂纹 K_{II}^d-t 曲线

4.3.5 裂纹偏转角度

如图 4-12 所示为 3 组试件的爆生主裂纹的沿预制裂纹方向位移和裂纹偏转角度之间的关系曲线。对于试件 S6，其爆生主裂纹的扩展路径较为平直，基本无明显偏转。对于试件 S7 和 S8，随着爆生主裂纹扩展长度的增加，裂纹的偏转角度也随之增加。随着初始应力 σ 的增大，爆生主裂纹的最大偏转角度也明显随之增大，3 组试件的爆生主裂纹的最大偏转角度分别为 $8.2°$、$35°$ 和 $55°$。

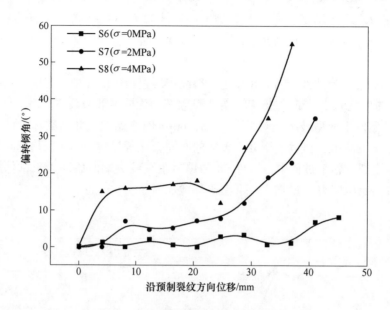

图 4-12　爆生主裂纹位移与偏转角度曲线

4.3.6　裂纹扩展速度

　　将爆生主裂纹扩展过程中的沿预制裂纹方向的速度记为 $v_{/\!/}$，垂直于预制裂纹方向的速度记为 $v_{\perp}$。如图 4-13 所示为 3 组试件的爆生主裂纹沿预制裂纹和垂直预制裂纹方向的速度与时间的关系曲线。对于试件 S6，起裂后 $v_{/\!/}$ 的最大值为 359m/s，随后，$v_{/\!/}$ 连续减小至裂纹止裂；$v_{\perp}$ 基本为零值，这是因为试件 S6 的爆生主裂纹的扩展路径近乎为直线，基本没有垂直于预制裂纹方向的位移。对于试件 S7，起裂后 $v_{/\!/}$ 的最大值为 357m/s，随后波动减小；从起裂至 120μs，$v_{\perp}$ 的值甚小，120μs 后，$v_{\perp}$ 的值迅速增加，至 160μs 达到最大值，为 151m/s；此后，$v_{\perp}$ 的值逐渐降低至止裂。对于试件 S8，起裂后 $v_{/\!/}$ 的最大值为 338m/s，随后波动减小；从起裂至 90μs，$v_{\perp}$ 的值震荡变化，90μs 后，$v_{\perp}$ 的值迅速增加，至 120μs 达到最大值，为 189m/s；此后，$v_{\perp}$ 的值逐渐降低至止裂。

　　从以上对 $v_{/\!/}$ 和 $v_{\perp}$ 的分析可以发现，在初始应力 σ 不存在（$\sigma=0$MPa）的情况下，$v_{\perp}$ 基本为 0，爆生主裂纹沿预制裂纹方向扩展；而在初始应力存在（$\sigma=2$MPa，$\sigma=4$MPa）的情况下，$v_{\perp}$ 始终大于 0，并且在有明显的变化，爆生主裂纹的扩展发生明显偏转。因此，可以认为初始应力 σ 是爆生主裂纹产生垂直预制裂纹方向速度的动因。并且随着初始应力 σ 的增大，$v_{\perp}$ 发生显著增长的时间段也会逐渐提前，$v_{\perp}$ 的峰值速度随之增大。

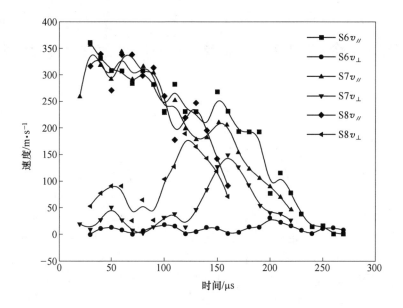

图 4-13　爆生主裂纹速度与时间曲线

参 考 文 献

［1］ Kutter H K, Fairhurst C. On the fracture process in blasting ［J］. International Journal of Rock Mechanics and Mining Science, 1971, 8: 181-202.

［2］ Rossmanith H P, Knasmillner R E, Daehnke A, et al. Wave propagation, damage evolution, and dynamic fracture extension. Part II. Blasting ［J］. Materials Science, 1996, 32 (4): 403-410.

［3］ 杨立云, 杨仁树, 许鹏, 等. 初始压应力场对爆生裂纹行为演化效应的试验研究 ［J］. 煤炭学报, 2013, 38 (3): 404-410.

［4］ 白羽, 朱万成, 魏晨慧, 等. 不同地应力条件下双孔爆破的数值模拟 ［J］. 岩土力学, 2013, S1: 466-471.

［5］ Papadopoulos G A. The experimental method of caustics and the Det. -Criterion of fracture. In: Fracture Mechanics ［M］. London: Springer, 1993.

［6］ Williams M L. On the Stress Distribution at the Base of a Stationary Crack ［J］. Journal of Applied Mechanics, 1957, 24: 109-114.

5   深部含节理岩体爆生翼裂纹的扩展行为

5.1   概述

天然岩体中存在大量的节理、孔洞、孔隙和裂纹等缺陷，在静态载荷和爆炸载荷作用下，这些缺陷（本书中主要指节理和裂纹）对岩体的断裂破坏效应有着重要的影响。其中，地应力场作为一种静态压应力场，在静态压应力作用下岩石中翼裂纹（节理和初始裂纹等缺陷端部产生的裂纹称为翼裂纹）的生长扩展过程，无论是理论分析还是试验研究[1~4]都已经非常深入和成熟。但是，爆炸载荷作为一种超动态加载，冲击应力波作用下岩石中翼裂纹的扩展行为研究相对较少。Ravichandran 和 Subhash[5]理论分析了动态载荷下裂纹的起裂情况。Wright 和 Ravichandran[6]研究了压缩冲击波对脆性材料的断裂破坏过程。Lee 和 Ravichandran[7]采用光弹试验对含不同摩擦系数预制裂纹面和有无侧向约束的试件在动态冲击载荷下翼裂纹的起裂和破坏情况进行了研究。印度学者 Bhandari 和 Badal[8]在试验室进行了含节理岩体在爆炸载荷下破坏的小模型试验研究，对不同倾角的单节理面和多炮孔与节理面之间的关系进行了探讨，发现节理面对爆破效果影响显著。杨仁树等人[9~11]采用焦散线试验方法对含节理、层理等不同缺陷形式的 PMMA 试件在爆破载荷下的破坏形式进行了研究，分析了含缺陷介质在爆炸载荷下的断裂行为。Zhu 和 Mohanty[12]采用 AUTODYN-2D 软件，模拟了节理的位置、宽度和节理内的充填材料对岩体的爆破破坏效应的影响，朱哲明[13]还对爆炸荷载下含缺陷岩体采用接触爆破模型，对缺陷为孔洞、孔隙和微小的张开型节理时的破坏进行模拟分析。Wang 和 Konietzky[14]采用有限元（LS-DYNA）和离散元（UDEC）相结合的方法，计算分析了含节理和层理岩体在爆炸载荷下的动态断裂破坏过程，对不同层理角度、刚度和层理面摩擦系数等对岩体的破坏效果进行了分析。Ning 和 Yang[15]采用非连续变形分析方法（DDA）对含节理岩体在爆炸载荷下的破坏形式进行了数值分析。

综合来看，关于含缺陷岩体（主要指节理和裂纹）在静态地应力和爆炸载荷组合作用下的爆生翼裂纹扩展路径、速度等行为特征的研究还不够深入。本章通过焦散线试验，研究不同初始应力条件下，含节理缺陷岩体的爆生翼裂纹的扩展路径、裂纹尖端动态应力强度因子和速度的变化规律。这里的含节理岩体爆破又包括节理正好穿过炮孔（简称为穿层节理）和炮孔在节理旁边（简称为偏置节理）两种情况。

5.2 穿层节理的爆生翼裂纹扩展行为

5.2.1 试验过程

穿层节理的爆生翼裂纹扩展试验采用本书第 2 章介绍的新型数字激光动态焦散线试验系统和自主设计的用于模拟深部岩石爆破致裂的动静组合加载系统。试件材料为 PMMA，尺寸为 315mm×285mm×8mm，采用激光切割的方式在试件上预制炮孔和层理，炮孔直径 $d=6$mm，层理长度 $2a=50$mm，为方便对比验证，炮孔位于层理中间位置，模拟钻爆法施工过程中钻眼炮孔穿过层理的工况。为模拟深部岩体的高应力状态，使用加载装置给试件预加静态应力 σ 至 6MPa。炮孔内装药为叠氮化铅，单孔装药量为 180mg，在炮孔中央插入金属探针，采用探针高压放电的方式起爆炸药。

根据层理走向与静态应力方向夹角 θ 的不同设置了 3 组试验，分别为试件 Q1（$\theta=30°$）、Q2（$\theta=45°$）和 Q3（$\theta=60°$）。

5.2.2 试件破坏形态

图 5-1 为节理模型图。炸药起爆后，3 组试件的破坏形态如图 5-2 所示。在爆炸应力和静态应力的共同作用下，层理端部 M、N 均产生两条爆生裂纹，将其中较长的爆生裂纹称为爆生主裂纹，较短的称为爆生次裂纹。由于预制层理是关于炮孔对称的，端部 M、N 处产生的爆生裂纹形态基本一致，说明试验加载是稳定和可靠的，以单侧裂纹为分析对象。从图 5-2 可以看出，试件的破坏主要集中在层理端部，炮孔周边未发生明显破坏；而在相同的加载条件下，文献

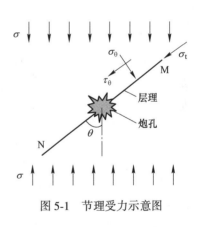

图 5-1 节理受力示意图

[16] 中炮孔周边（无层理）裂纹发育、破碎严重。当前爆破理论认为岩石爆破破碎是爆炸应力波和爆生气体共同作用的结果，爆炸应力波的强动态作用是炮孔周边初始裂隙形成的主要原因，随后爆生气体"楔入"初始裂隙发挥准静态作用，促使裂隙进一步扩展形成宏观裂纹。本试验中，预制层理贯穿炮孔，炮孔周边介质的连续性被打断，爆生气体容易沿层理弱面方向逃逸（后文图 5-3 中爆生气体逸出的方向性证实了这一点），爆破能量未被充分利用，炮孔周边的宏观裂纹难以形成。此外，层理的存在阻碍了爆炸应力波的传播，造成更多的能量耗散，也限制了炮孔周边裂隙的形成和发育。

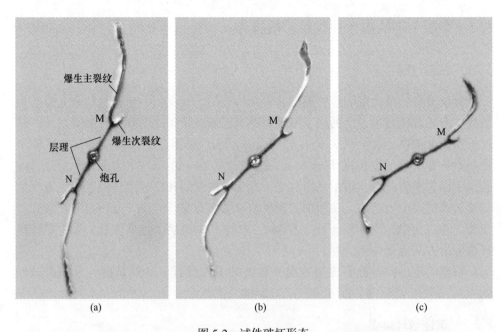

图 5-2 试件破坏形态

（a）试件 Q1（$\theta=30°$）；（b）试件 Q2（$\theta=45°$）；（c）试件 Q3（$\theta=60°$）

层理端部 M、N 处两条爆生裂纹的形成是典型的动态裂纹分叉问题，相关文献[17~19]就类似问题给出了详细说明和解释，不再赘述。就爆生主裂纹的扩展形态而言，3 组试件爆生主裂纹的前期扩展路径较为平直，后期扩展路径明显朝静态应力方向（竖直方向）发生偏转；并且，随着层理走向与静态应力方向夹角 θ 的增加，爆生主裂纹的扩展长度逐渐变短，整体扩展路径更为曲折。

通过高速相机拍摄，记录下试件破坏和爆生主裂纹扩展的全部过程，图 5-3 所示为 3 组试件破坏过程中的部分动态焦散线照片。炸药起爆后，层理端部发生应力集中，在观测视场中表现为层理端部出现焦散斑。当层理端部集聚的能量超过断裂韧度时，爆生裂纹起裂并扩展；并且随着扩展过程中爆生裂纹尖端能量的变化，其焦散斑形态也发生变化，爆生气体沿层理走向逸出。

试件 Q1、Q2 和 Q3 的爆生主裂纹扩展时间分别为 266.67μs、240.03μs 和 190.48μs，随着夹角 θ 的增加，爆生主裂纹的扩展时间明显减小。观察爆生主裂纹扩展过程中焦散斑的形态变化，焦散斑在裂纹前期扩展阶段呈现为趋近于理想 I 型形态（拉伸破坏），而在随后的某一时间焦散斑渐变为 I-II 复合型形态（拉剪破坏）。3 组试件爆生主裂纹焦散斑呈现明显 I-II 复合型形态的时间分别为 160μs、148.59μs 和 130.95μs，该时间点也分别对应 3 组试件裂纹扩展路径由平直向曲裂发展的阶段。可见在相同的加载条件下，随着夹角 θ 的增加，试件发生明显剪切破坏的时间提前，爆生主裂纹更早呈现曲裂扩展形态。

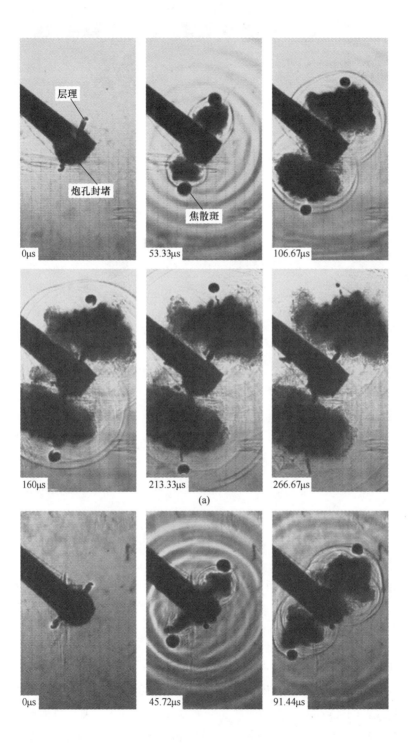

(a)

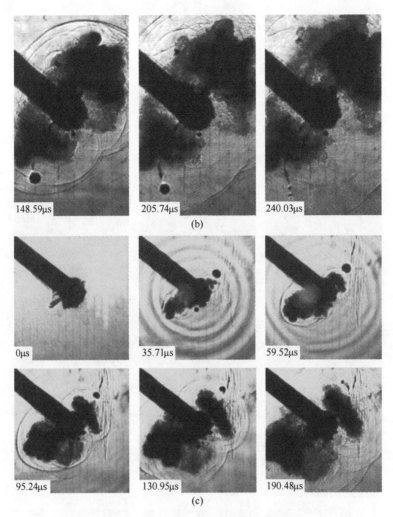

图 5-3　试件破坏过程动态焦散线照片

（a）试件 Q1 （$\theta=30°$）；（b）试件 Q2 （$\theta=45°$）；（c）试件 Q3 （$\theta=60°$）

5.2.3　翼裂纹的力学行为

5.2.3.1　裂纹尖端应力强度因子

如图 5-4 所示为 3 组试件的爆生主裂纹尖端 I 型动态应力强度因子 K_I^d 随时间 t 的变化曲线。从图中可以看出，试件 Q1、Q2 和 Q3 在起裂的最大 K_I^d 值基本相当，分别为 2.08MN/m$^{3/2}$、2.20MN/m$^{3/2}$ 和 2.11MN/m$^{3/2}$，夹角 θ 对爆生主裂纹起裂时的动态应力强度因子基本没有影响。起裂后，K_I^d 迅速减小，在裂纹扩展的中期，K_I^d 大约在同一时间达到二次峰值；其中，试件 Q1 在 146.67μs 时 K_I^d 的二次峰值为 1.82MN/m³ᐟ²，试件 Q2 在 148.59μs 时 K_I^d 的二次峰值为 1.60MN/m³ᐟ²，试件 Q3 在 142.86μs 时 K_I^d 的二次峰值为 1.17MN/m³ᐟ²，随后 K_I^d 的值波动减小直至止裂。由此可见，K_I^d 的二次峰值随着夹角 θ 的增大而减小。

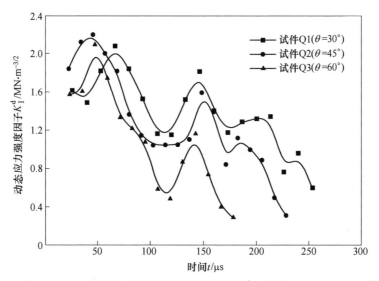

图 5-4 3 组试件爆生主裂纹 K_I^d -t 曲线

5.2.3.2 裂纹扩展速度

爆生主裂纹扩展的水平速度 v_x 和竖直速度 v_y 分别由裂纹水平位移和竖直位移对时间求导得出。首先利用图像处理软件测量出焦散线照片中不同时刻裂纹尖端的位置；再通过参考点标注求解得出照片上的成像尺寸与对应实际尺寸之间的比例系数；进一步利用最小二乘法计算得到裂纹位移和时间的对应关系曲线；最后采用中间差分法计算得到裂纹扩展的水平速度 v_x 和竖直速度 v_y。

如图 5-5 所示为裂纹尖端速度矢量分解示意图，爆生主裂纹扩展的水平速度 v_x 和竖直速度 v_y 通过上述方法求解得到。将沿层理走向的速度记为 $v_{/\!/}$，垂直于层理走向的速度记为 $v_\perp$，根据矢量分解的关系有：

$$v_{/\!/} = v_y \cdot \cos\theta + v_x \cdot \sin\theta \tag{5-1}$$

$$v_\perp = v_y \cdot \sin\theta - v_x \cdot \cos\theta \tag{5-2}$$

将水平速度 v_x 和竖直速度 v_y 代入式（5-1）和式（5-2），可得到沿层理走向的速度 $v_{/\!/}$ 和垂直于层理走向的速度 $v_\perp$。

如图 5-6 所示为 3 组试件的爆生主裂纹沿层理走向速度 $v_{/\!/}$ 和垂直层理走向速度 $v_\perp$ 随时间 t 的变化曲线。从图中可以看出，试件 Q1、Q2 和 Q3 的爆生主裂纹

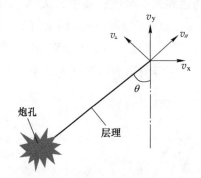

图 5-5   速度矢量分解示意图

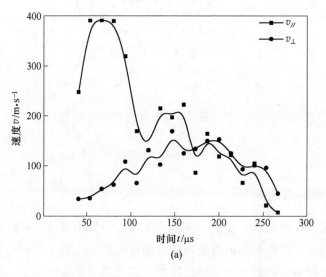

(a)

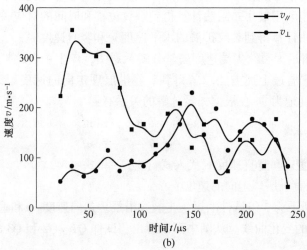

(b)

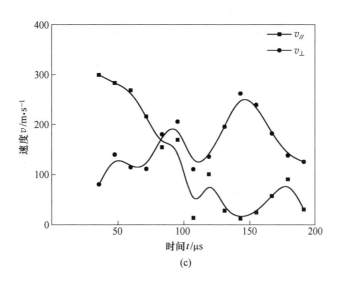

图 5-6　3 组试件爆生主裂纹 $v\text{-}t$ 曲线

(a) 试件 Q1（$\theta=30°$）；(b) 试件 Q2（$\theta=45°$）；(c) 试件 Q3（$\theta=60°$）

起裂后的 $v_{/\!/}$ 大约在同一时间点迅速达到峰值，分别为 397.3m/s、354.9m/s 和 300.1m/s，$v_{/\!/}$ 的最大值随着夹角 θ 的增大而减小。随后，$v_{/\!/}$ 迅速衰减直至止裂。试件 Q1、Q2 和 Q3 的爆生主裂纹起裂后，$v_{\perp}$ 逐渐变大，分别在 146.67μs、148.59μs 和 142.86μs 时刻达到峰值，依次为 175.8m/s、230.1m/s 和 262.8m/s。此后，$v_{\perp}$ 波动减小直至止裂。可见，$v_{\perp}$ 的峰值随着夹角 θ 的增大而增大。

5.2.3.3　裂纹偏转倾角

图 5-7 所示为 3 组试件的爆生主裂纹的沿层理方向位移 s 和裂纹偏转倾角 α 之间的关系曲线。裂纹某一位置 P 处的裂纹偏转倾角 α 指的是该位置处的切线与层理走向的夹角。在爆生主裂纹扩展过程中，偏转倾角和斜率的大小关系始终为 Q1>Q2>Q3，并且在裂纹扩展的中期斜率最大。试件 Q1、Q2 和 Q3 偏转倾角 α 的最大值随着夹角 θ 的增大而显著增大，偏转倾角 α 最大值分别为 43.8°、60.4° 和 81.3°。并且随着夹角 θ 的增大，沿层理走向的位移值逐渐减小，分别为 60mm、40mm 和 25mm。

综上分析可得，层理端部起裂和扩展是动态爆炸应力波和静态预加载应力共同作用下的动力学行为。在层理端部起裂和扩展的前期阶段（$t<150$μs），爆炸应力波对裂纹的动力学行为起主要作用。爆炸应力波具有强冲击和瞬态性特点，在这一阶段对裂纹的作用效应要远大于静态预加载应力的，裂纹扩展路径并未发生显著变化。但是，爆炸应力波对裂纹作用的时效性随时间呈指数型衰减，随着时

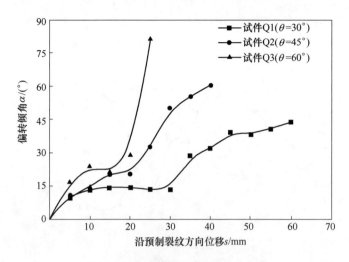

图 5-7 3 组试件爆生主裂纹 s-α 曲线

间推移，静态应力的作用逐渐显现和发挥。在裂纹扩展的后期阶段（$t>150\mu s$），爆炸应力波作用基本耗散，但裂纹扩展仍具有显著的惯性效应，该阶段裂纹的扩展主要受到静态应力的影响。随着夹角 θ 的增加，静态应力在裂纹面上的法向应力分量 σ_{θ} 逐渐增长，表现为垂直层理走向速度 $v_{\perp}$ 的峰值也随之增加，促进了裂纹扩展的法向分量。正是由于爆炸应力和静态应力的这些力学特性和作用时效特征，造成了节理端部翼裂纹在不同扩展阶段所表现出的动力学行为和扩展形态的差异。

5.3 受压闭合偏置节理爆生翼裂纹扩展行为

5.3.1 试验过程

受压闭合偏置节理爆生翼裂纹扩展试验仍采用本书第 2 章介绍的新型数字激光动态焦散线试验系统和自主设计的用于模拟深部岩石爆破致裂的动静组合加载系统。PMMA 模型材料规格为 315mm×285mm×6mm，利用激光切割的方法预制炮孔和节理，在炮孔中置入叠氮化铅炸药作为爆源，装药量为 180mg，在炮孔中插入金属探针并通过高压放电的方式起爆炸药。如图 5-8 所示为爆源与节理的相对位置关系，节理为水平走向，加载装置施加的静态应力 σ 垂直于节理，爆源与节理端部 O 的距离为 30mm，夹角 $\theta=30°$。根据施加静态应力 σ 的不同，试件分为 2 组：Q4 组（$\sigma=0$，无静态应力）和 Q5 组（$\sigma=4MPa$，模拟高应力状态），每组 5 个试件进行相同加载条件下的重复试验。通过对试验现象的观测和试验结果的分析，发现组内试验具有很好的重复性，说明该试验的设计和实施是可靠的。限于篇幅，每组随机选取 1 个试件进行动态行为分析，Q4 组中所选取的试件记作 Q4-1，Q5 组中的试件记作 Q5-1。

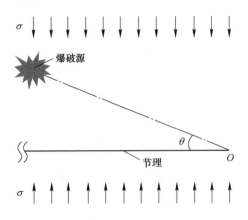

图 5-8 爆源与节理相对位置关系示意图

5.3.2 裂纹形态与扩展过程

炸药起爆后，爆炸应力波传播至节理端部 O，O 处发生明显的应力集中并产生焦散斑，随后发生起裂和扩展，试件 Q4-1、Q5-1 于该处起裂并扩展的裂纹分别记为裂纹 C1、C2。以 O 处裂纹起裂时间为计时零点（$t=0\mu s$），图 5-9 为 2 组试件于 O 处裂纹起裂和扩展的焦散斑系列照片，就焦散斑形态变化而言，该过程可分为 2 个阶段：起裂阶段（$t=0\sim 20\mu s$）和扩展阶段（$t>20\mu s$）。对于试件 Q4-1，$t=0\mu s$ 时，C1 起裂时的焦散斑呈现为接近 II 型的复合型形态，即 C1 的起裂以 II 型剪切为主；$t=20\mu s$ 时，C1 扩展路径开始向视场右侧发生明显偏移；裂纹扩展路径较为平直，在这一过程中，裂纹尖端焦散斑形态持续变化，裂纹扩展总时间为 160μs。对于试件 Q5-1，C2 起裂时的焦散斑形态与 C1 的类似，为趋于 II 型的复合型形态；$t=20\mu s$ 以后，裂纹扩展路径也有向视场右侧偏移的趋势，只是偏移的程度明显小于同一时段 C1 的；随着裂纹扩展的持续，$t=80\mu s$ 时，裂纹尖端焦散斑尺寸明显变大，应力集中程度显著加强；此后，焦散斑尺寸迅速减小，裂纹扩展路径的偏移方向由向右侧偏移变为向左侧偏移，裂纹扩展总时间为 180μs。

裂纹 C1、C2 的形态及其扩展过程中的水平位移 l_x 和竖直位移 l_y 如图 5-10 所示，以节理端部 O 为坐标原点，水平向右为 x 轴正向，竖直向下为 y 轴正向。C1 的最大水平位移为 17.6mm，最大竖直位移为 31.3mm；C2 的最大水平位移为 2.5mm，最大竖直位移为 30.1mm。裂纹起裂角度 θ 与比例系数 μ 的理论曲线和试验结果如图 5-11 所示。

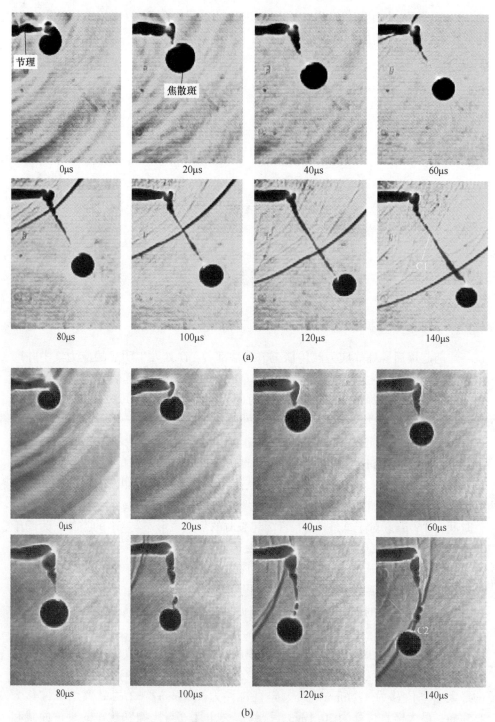

图 5-9 节理处裂纹起裂和扩展的焦散斑系列照片

（a）试件 Q4-1；（b）试件 Q5-1

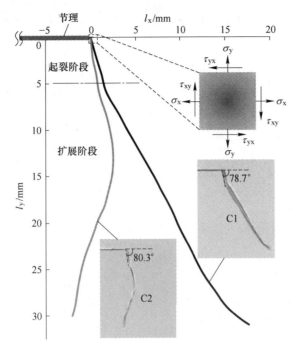

图 5-10　裂纹扩展形态与位移

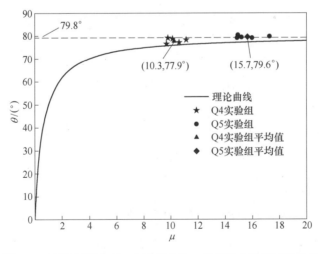

图 5-11　裂纹起裂角度 θ 与比例系数 μ 的理论曲线和试验结果

由上文分析发现裂纹的焦散斑形态在起裂阶段和扩展阶段存在明显差异，结合理论推导和试验结果，对 2 组试件起裂阶段的起裂角度进行分析。本试验可简化为平面应力问题，节理端部 O 附近的应力分量为

$$
\begin{cases}
\sigma_{x} = \dfrac{K_{\mathrm{I}}}{\sqrt{2\pi r}}\cos\dfrac{\theta}{2}\left(1 - \sin\dfrac{\theta}{2}\sin\dfrac{3\theta}{2}\right) - \dfrac{K_{\mathrm{II}}}{\sqrt{2\pi r}}\sin\dfrac{\theta}{2}\left(2 + \cos\dfrac{\theta}{2}\cos\dfrac{3\theta}{2}\right) \\[3mm]
\sigma_{y} = \dfrac{K_{\mathrm{I}}}{\sqrt{2\pi r}}\cos\dfrac{\theta}{2}\left(1 + \sin\dfrac{\theta}{2}\sin\dfrac{3\theta}{2}\right) + \dfrac{K_{\mathrm{II}}}{\sqrt{2\pi r}}\sin\dfrac{\theta}{2}\cos\dfrac{\theta}{2}\cos\dfrac{3\theta}{2} \\[3mm]
\tau_{xy} = \dfrac{K_{\mathrm{I}}}{\sqrt{2\pi r}}\sin\dfrac{\theta}{2}\cos\dfrac{\theta}{2}\cos\dfrac{3\theta}{2} + \dfrac{K_{\mathrm{II}}}{\sqrt{2\pi r}}\cos\dfrac{\theta}{2}\left(1 - \sin\dfrac{\theta}{2}\sin\dfrac{3\theta}{2}\right)
\end{cases}
\tag{5-3}
$$

式中，σ_x、σ_y 和 τ_{xy} 为节理端部 O 附近材料微元的应力分量（见图 5-10）；K_{I} 为裂纹尖端的 Ⅰ 型应力强度因子；K_{II} 为裂纹尖端的 Ⅱ 型应力强度因子；θ 为裂纹起裂角度。

节理端部 O 附近的应变能密度表达式为

$$
W = \frac{1}{2E}\left[\sigma_x^2 + \sigma_y^2 - 2\nu\sigma_x\sigma_y + 2(1+\nu)\tau_{xy}^2\right]
\tag{5-4}
$$

式中，W 为节理端部 O 附近的应变能密度；E 为材料的弹性模量；ν 为材料的泊松比。

将式（5-3）代入式（5-4），节理端部 O 附近的应变能密度函数可表示为

$$
W = \frac{1}{r}\left(a_{11}K_{\mathrm{I}}^2 + 2a_{12}K_{\mathrm{I}}K_{\mathrm{II}} + a_{22}K_{\mathrm{II}}^2\right)
\tag{5-5}
$$

式中，a_{11}、a_{12} 和 a_{22} 满足

$$
\begin{cases}
a_{11} = \dfrac{1+\nu}{8\pi E}(\mathcal{X} - \cos\theta)(1 + \cos\theta) \\[3mm]
a_{12} = \dfrac{1+\nu}{8\pi E}\sin\theta\left[2\cos\theta - (\mathcal{X} - 1)\right] \\[3mm]
a_{22} = \dfrac{1+\nu}{8\pi E}\left[(\mathcal{X} + 1)(1 - \cos\theta) + (1 + \cos\theta)(3\cos\theta - 1)\right] \\[3mm]
\mathcal{X} = \dfrac{3-\nu}{1+\nu}
\end{cases}
\tag{5-6}
$$

因此，节理端部 O 附近的应变能密度因子 S 为

$$
S = a_{11}K_{\mathrm{I}}^2 + 2a_{12}K_{\mathrm{I}}K_{\mathrm{II}} + a_{22}K_{\mathrm{II}}^2
\tag{5-7}
$$

根据最小应变能密度因子理论，裂纹沿应变能密度因子最小的方向扩展，即满足

$$
\frac{\partial S}{\partial \theta} = 0; \qquad \frac{\partial^2 S}{\partial \theta^2} > 0
\tag{5-8}
$$

将式 (5-6)、式 (5-7) 代入式 (5-8)，化简后得到：

$$
\begin{cases}
\dfrac{\partial S}{\partial \theta} = \dfrac{(1+\nu)K_{\mathrm{I}}^2}{8\pi E}\Big\{ \sin\theta(2\cos\theta + 1 - \chi) + 2\dfrac{K_{\mathrm{II}}}{K_{\mathrm{I}}}[2\cos2\theta - \cos\theta(\chi - 1)] + \\
\qquad \dfrac{K_{\mathrm{II}}^2}{K_{\mathrm{I}}^2}\sin\theta(\chi - 1 - 6\cos\theta) \Big\} = 0 \\[4mm]
\dfrac{\partial^2 S}{\partial \theta^2} = \dfrac{(1+\nu)K_{\mathrm{I}}^2}{8\pi E}\Big\{ 2\cos2\theta + \cos\theta(1 - \chi) + 2\dfrac{K_{\mathrm{II}}}{K_{\mathrm{I}}}[\sin\theta(\chi - 1) - 4\sin2\theta] + \\
\qquad \dfrac{K_{\mathrm{II}}^2}{K_{\mathrm{I}}^2}[\cos\theta(\chi - 1) - 6\cos2\theta] \Big\} > 0
\end{cases}
$$

$$(5\text{-}9)$$

由式 (5-9) 可知，当 $K_{\mathrm{I}} \neq 0$ 时，裂纹的起裂角度 θ 与比例系数 $\mu = K_{\mathrm{II}}/K_{\mathrm{I}}$ 和材料泊松比 ν 有关。根据式 (5-9) 的裂纹起裂条件，取有 PMMA 的泊松比 $\nu = 0.31$，得到如图 5-11 所示的裂纹起裂角度 θ 与比例系数 μ 的理论曲线，起裂角度 θ 的理论极限值为 79.8°。此外，2 组试件中裂纹起裂时的比例系数 μ 与起裂角度 θ 的对应关系也标注在图 5-11 中；其中裂纹 C1、C2 起裂时的比例系数 μ 分别为 10.2、14.7，起裂角度 θ 分别为 78.7°和80.3°。2 组试件的相关试验值与理论曲线吻合良好，可见，基于最小应变能密度因子的理论，能够很好地预测和解释爆炸应力波作用下的裂纹起裂行为。Q4、Q5 两组试件起裂时的比例系数 μ 的平均值分别为 10.3 和 15.7，起裂角度 θ 的平均值分别为 77.9°和79.6°；Q5 组的比例系数 μ 明显大于 Q4 组的。可见，高应力状态条件进一步加强了起裂时的剪切破坏程度，并且理论曲线和试验结果均表明剪切破坏的加强促进了更大起裂角度的形成。

5.3.3 裂尖速度与应力强度因子

根据高速相机所拍摄的焦散照片可以获得各瞬时时刻的焦散斑位置，由于相邻两张焦散照片之间的时间间隔极短（10μs），可将相邻两张照片的裂纹平均速度视为该时刻裂纹扩展的瞬时速度。裂纹瞬时速度的计算式为

$$v_{\mathrm{x}} \approx \frac{\Delta l_{\mathrm{x}}}{\Delta t}; \quad v_{\mathrm{y}} \approx \frac{\Delta l_{\mathrm{y}}}{\Delta t} \tag{5-10}$$

式中，v_{x}、v_{y} 分别为裂纹扩展的水平速度和竖直速度；Δl_{x}、Δl_{y} 为相邻焦散照片的裂纹尖端水平位移差值和竖直位移差值；Δt 为相邻焦散照片的时间差值，取 $\Delta t = 10\mu s$。

如图 5-12 所示为裂纹 C1、C2 起裂和扩展过程中的水平速度 v_{x} 与竖直速度 v_{y} 随时间的变化关系。（1）起裂阶段：起裂后，C1 的水平速度迅速增加，于 $t =$

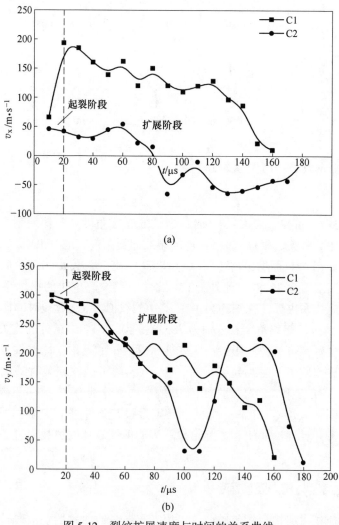

图 5-12 裂纹扩展速度与时间的关系曲线

(a) 水平速度 v_x；(b) 竖直速度 v_y

20μs 达到裂纹扩展过程中的峰值，为 193m/s。C2 的水平速度处于较小值，约为 45m/s。裂纹 C1、C2 起裂时的竖直速度分别为 298m/s、287m/s，数值基本相同，变化趋势基本一致。由此可见，在起裂阶段，高应力状态显著抑制了起裂阶段裂纹的水平扩展，而对竖直方向的扩展基本没有影响。（2）扩展阶段：裂纹 C1 的水平速度逐渐减小直至止裂，并且在临近止裂时速度的衰减更为显著。裂纹 C2 的水平速度依然维持在较低水平，但在 $t = 80μs$ 左右，水平速度发生显著衰减，并反向扩展。$t = 20 \sim 80μs$，裂纹 C1、C2 的竖直速度的衰减仍保持较高的一致性。此后，裂纹 C1 依旧保持原有的衰减趋势直至止裂；而裂纹 C2 的竖直速度迅速衰减，至 $t=100\mu s$，达到扩展过程中的最小值，为 32m/s，随后竖直速度又迅速攀升至扩展过程中的二次峰值，为 248m/s，最后波动减小直至止裂。在扩展阶段，高应力状态显著改变了裂纹水平速度和竖直速度的变化趋势。

通过对裂纹扩展过程中的裂纹尖端焦散斑相关特征尺寸的测量，得到图 5-13 所示的裂纹尖端应力强度因子。（1）起裂阶段。起裂时，裂纹 C1、C2 的 K_I 分别

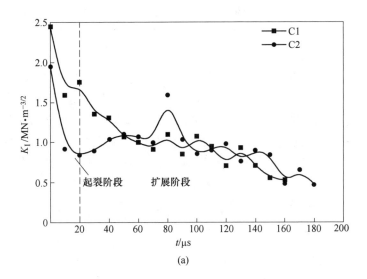

(a)

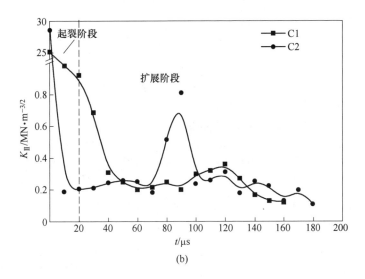

(b)

图 5-13　裂纹尖端应力强度因子与时间的关系曲线

（a）应力强度因子 K_I；（b）应力强度因子 K_{II}

为 2.45MN/m$^{3/2}$、1.95MN/m$^{3/2}$，K_{II} 分别为 25.12MN/m$^{3/2}$、28.57MN/m$^{3/2}$，K_{II} 远大于 K_{I}。该试验条件下的裂纹起裂是一个能量积蓄并急剧释放的过程，起裂后，伴随着应力强度因子 K_{I}、K_{II} 的迅速衰减。相比于裂纹 C1 的应力强度因子衰减速度，裂纹 C2 的应力强度因子衰减速度更大，说明高应力状态加速了起裂阶段裂纹尖端能量释放。（2）扩展阶段。相比于起裂阶段，扩展阶段的应力强度因子维持在较低的数值水平变化，就应力强度因子的变化趋势而言，除了在 $t=80\mu\text{s}$ 前后，裂纹 C1、C2 的应力强度因子 K_{I}、K_{II} 的变化基本一致。在 $t=80\mu\text{s}$ 左右，裂纹 C2 的应力强度因子 K_{I}、K_{II} 均发生跃升，达到扩展阶段的峰值，K_{I} 为 1.59MN/m$^{3/2}$，K_{II} 为 0.81MN/m$^{3/2}$。

通过以上对扩展阶段的裂纹尖端速度、应力强度因子的分析，发现在 $t=80\mu\text{s}$ 左右，速度和应力强度因子均发生突变。结合图 5-9 的焦散斑照片，$t=80\mu\text{s}$ 时，裂纹 C2 的焦散斑尺寸明显变大，应力集中程度加强，裂纹扩展路径随之改变，故该时刻是裂纹 C2 在扩展阶段动态行为变化的一个转折时刻。相对于 Q4 组试件的裂纹在扩展过程中仅受到爆炸应力的作用，Q5 组试件的高应力状态使得裂纹扩展时的受力状态更为复杂。正是由于这种受力的复杂性和本章试验手段的局限性，在 $t=80\mu\text{s}$ 左右裂纹突变行为暂不能给出严格的理论分析和试验论证，在后续研究中，笔者将着重寻求合适的理论和试验方法并给出合理解释。

参 考 文 献

[1] Goodman R E. Methods of geological engineering in discontinuous rocks [M]. St. Paul: West Publishing, 1976.

[2] Cundall P A. Numerical modelling of jointed and faulted rock [M]//Rossmanith H P. Mechanics of Jointed and Faulted Rock. Rotterdam: AA Balkema, 1990.

[3] Horii H, Nemat-Nasser S. Brittle failure in compression: splitting, faulting and ductile-brittle transition [J]. Philos. Trans. R. Soc. London, 1986, 319: 337-374.

[4] 李世愚，和泰名，尹祥础. 岩石断裂力学导论 [M]. 合肥：中国科学技术大学出版社，2010.

[5] Ravichandran G, Subhash G. A micromechanical model for high strain-rate behavior of ceramics [J]. Int. J. Solids Struct. 1995, 32: 2627-2646.

[6] Wright T W, Ravichandran G. On shock induced damage in ceramics [M].// Batra R. C. , Beatty M. F. Contemporary Research in the Mechanics and Mathematics of Materials. Barcelona, Spain: CIMNE, 1996.

[7] Lee S, Ravichandran G. An investigation of cracking in brittle solids under dynamic compression using photoelasticity [J]. Optics and Lasers in Engineering, 2003, 40: 341-352.

［8］ Bhandari S, Badal R. Post-blast studies of jointed rocks［J］. Engineering Fracture Mechanics, 1990, 35（1）: 439-445.

［9］ 杨仁树, 杨立云, 岳中文. 爆炸载荷下缺陷介质裂纹扩展的动焦散试验［J］. 煤炭学报, 2009, 34（2）: 187-192.

［10］ 杨仁树, 岳中文, 肖同社, 等. 节理介质断裂控制爆破裂纹扩展的动焦散试验研究［J］. 岩石力学与工程学报, 2008, 27（2）: 244-250.

［11］ 杨仁树, 牛学超, 商厚胜, 等. 爆炸应力波作用下层理介质断裂的动焦散试验分析［J］. 煤炭学报, 2005（1）: 36-39.

［12］ Zhu Z, Mohanty B, Xie H. Numerical investigation of blasting-induced crack initiation and propagation in rocks［J］. International Journal of Rock Mechanics and Mining Sciences, 2007, 44（3）: 412-424.

［13］ 朱哲明, 李元鑫, 周志荣, 等. 爆炸荷载下缺陷岩体的动态响应［J］. 岩石力学与工程学报, 2011, 30（6）: 1157-1167.

［14］ Wang Z L, Konietzky H, Shen R. F. Coupled finite element and discrete element method for underground blast in faulted rock masses［J］. Soil Dynamics and Earthquake Engineering, 2009,（29）: 939-945.

［15］ Ning Y, Yang J, An X, et al. Modelling rock fracturing and blast-induced rock mass failure via advanced discretisation within the discontinuous deformation analysis framework［J］. Computers and Geotechnics, 2011, 38（1）: 40-49.

［16］ 杨立云, 马佳辉, 王学东, 等. 压应力场中爆生裂纹分布与扩展特征试验分析［J］. 爆炸与冲击, 2017, 37（2）: 262-268.

［17］ Lee J, Hong J. Dynamic crack branching and curving in brittle polymers［J］. International Journal of Solids and Structures, 2016, s 100-101: 332-340.

［18］ 谷新保, 周小平, 徐潇. 高速运动裂纹扩展和分叉现象的近场动力学数值模拟［J］. 应用数学和力学, 2016, 37（7）: 729-739.

［19］ Zhou X, Wang Y, Qian Q. Numerical simulation of crack curving and branching in brittle materials under dynamic loads using the extended non-ordinary state-based peridynamics［J］. European Journal of Mechanics-A/Solids, 2016, 60: 277-299.

6 高应力岩体的光面和预裂爆破

6.1 概述

本书第 3~5 章重点对爆炸载荷下高应力岩体中爆生裂纹的力学行为进行了试验研究，揭示了高应力岩体爆破的断裂力学机理。本章将从物理模型试验的角度，对高应力对岩体中光面和预裂爆破效果的影响进行研究。

针对高应力岩体中开展光面爆破和预裂爆破施工问题，国内外学者进行了一些研究。Lu 和 Chen 等人[1]在进行地下水电站硐室的爆破施工过程中对硐室的分区开挖顺序、周边爆破技术进行了现场试验研究，发现地层中的原岩应力场对爆破参数设计具有明显影响，在地应力较低的情况下（水平地应力小于 10MPa），无论是光面爆破还是预裂爆破，都可以达到理想的爆破效果，但是在高地应力区（水平地应力大于 10MPa），合理的爆破技术（预裂爆破与光面爆破）和顺序需要根据实际情况综合考虑分析。戴俊[2,3]利用弹性理论方法分析了原岩应力对光面爆破和预裂爆破炮孔间贯通裂纹形成的影响，发现原岩应力的存在有利于光面爆破的炮孔间贯通裂纹的形成，而不利于预裂爆破的炮孔间贯通裂纹的形成。谢瑞峰[4]考虑高地应力的影响，推导出了耦合装药和不耦合装药条件下深部岩石松动爆破的压碎圈和裂隙圈半径计算公式。李夕兵等人[5]综合考虑高原岩应力和岩石损伤影响，提出了损伤条件下深部岩体巷道光面爆破参数确定的计算方法，并指出高原岩应力不利于炮孔初始裂纹的形成及贯通，宜减小周边炮眼间距。徐颖等人[6]采用物理模拟试验装置，开展了在高轴地应力条件下深部围岩爆破开挖三维相似模型试验，指出爆炸荷载在洞壁附近产生的大量微裂纹引起地应力的变化具有明显的分区破裂现象。

本章利用物理模型试验，分别对高应力岩体光面爆破和预裂爆破开展研究，结合数字图像相关方法、分形理论、损伤分布等技术，对深部岩体爆破后的裂纹形态、应变演化、损伤特征等进行分析，揭示高应力对光面爆破和预裂爆破的影响机理，为高应力岩体爆破参数设计和施工提供科学指导。

6.2 模型试验设计

6.2.1 石膏材料配置

岩石是典型的各向异性脆性材料，其内部赋存的缺陷对应力波传播具有显著影响，为模拟本次试验中单轴压力对爆破作用的影响，本章试验所用试件为自制的各向同性的石膏试件，忽略岩石各向异性带来的影响。试件由石膏、水和缓凝剂按照 1：0.4：0.005 的质量比制成。试件的长、宽、高均为 200mm，如图 6-1 所示。自然条件下养护 28 天，密度为 1.45g/cm³。

图 6-1　石膏试件

6.2.2　试件力学参数

利用本书第 2 章的 MTS 万能材料试验机，对石膏试件进行单轴抗压强度测试，得出如图 6-2 所示的应力与位移的曲线。根据单轴抗压强度的计算公式

$$\sigma = \frac{P}{A} \tag{6-1}$$

式中，P 代表达到破坏时的最大轴向压力；A 代表试样的横截面积。计算得石膏试件的单轴抗压强度为 3.7MPa，泊松比为 0.31。

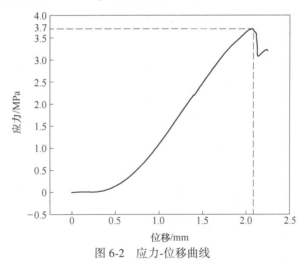

图 6-2　应力-位移曲线

6.2.3　试件波速

试件的超声波测试采用 Tektronix 公司生产的 DPO 5104B 电子示波器联合 Olympus 脉冲发射器进行试验，声波换能器为 100kMz 非金属超声波探头，采用超声波专用耦合剂确保超声波探头与试样表面紧密接触，如图 6-3 所示，该仪器具体参数见表 6-1。

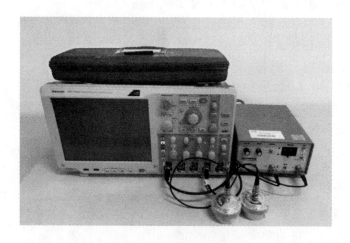

图 6-3   超声波测试系统

表 6-1   数字示波器参数

性能指标	实际参数
带宽	2GHz
最大采样速率	10GS/s
记录长度	250M
通道数	4 个模拟通道+16 个数字通道
最小采样间隔	0.1μs
采样长度	0.5~0.8k
发射电压	500V/1000V
发射脉宽	0.1~200μs
频带宽度	300~500Hz

经过测试，得试件的平均纵波速度在 1600m/s。单个试件不同测点的纵波波速差值在 30m/s 之内，可以认为试件是均匀的、各向同性的，满足试验要求。本章中模型试验材料均采用该种自制材料，此后不再赘述。

6.2.4 药包制作

本物理模型试验选用黑火药作为炸药，其爆速约为 400m/s。药包由聚乙烯塑料管制作。药包两端用橡皮泥封堵，药包内埋设探针，探针瞬间产生高压放电引爆炸药。

6.3 高应力岩体光面爆破分析

6.3.1 试验过程

光面爆破试验的炮孔布置如图 6-4（a）所示，抵抗线为 50mm，炮孔间距为 40mm。试验共设计三组方案，记为 G1、G2 和 G3，分别施加竖向静态载荷为 0MPa、1MPa 和 2MPa 的初始应力场。炮孔的直径与深度分别为 D_2（7mm）与 L_2（60mm）。试验药包的直径与长度分别为 D_1（5mm）与 L_0（30mm），药包置于炮孔底部，起爆方式为反向起爆，用沙子与胶水进行封堵。具体试验参数见表 6-2。

试验过程中，采用本书第 2 章介绍的数字图像相关试验方法对试件表面变形进行监测，对比分析三组试验方案在不同初始应力场下炮孔周边的应力应变分布特征。

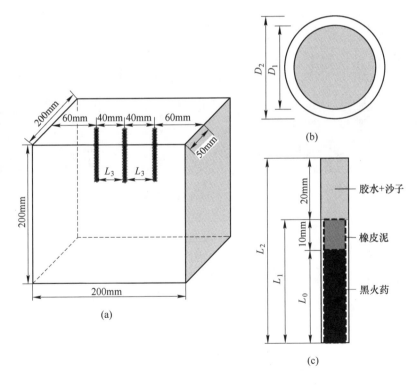

图 6-4 光面爆破模型示意图

（a）炮孔布置示意图；（b）炮孔放大俯视图；（c）炮孔放大正视图

表 6-2 光面爆破试验方案

试件编号	竖向荷载/MPa	炮孔深度/mm	炮孔直径/mm	药包直径/mm	装药量/mg	有无堵塞	不耦合系数	起爆方式
G1	0	60	7	5	250	有	1.4	反向起爆
G2	1	60	7	5	250	有	1.4	反向起爆
G3	2	60	7	5	250	有	1.4	反向起爆

6.3.2 试件破坏形态

图 6-5 所示为试验后试件的正视图，图 6-6 所示为试件的爆破裂纹扩展示意图。当围压为 0MPa 时，裂缝边缘形状为不规则的锯齿状；当围压为 1MPa 时，裂缝边缘形状呈现不规则的弧线形，但弧度较小；当围压 2MPa 时，裂缝边缘形状基本呈现直线型，十分规则。由此可见，随着围岩压力的增大，裂缝逐渐由不规则的锯齿形向规则的直线型靠拢。据此可以判定，围压的存在可以让裂缝的成形更加规则。

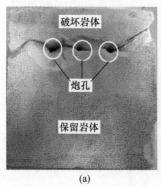 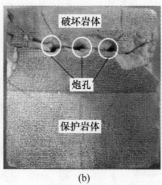 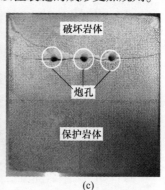

图 6-5 爆破后试件形态正视图

（a）0MPa；（b）1MPa；（c）2MPa

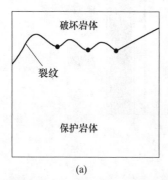 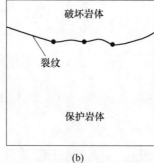 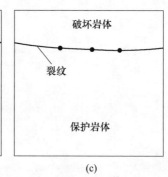

图 6-6 爆破裂纹扩展示意图

（a）0MPa；（b）1MPa；（c）2MPa

为了定量分析光面爆破后裂纹面的变化特征，提取炮孔间断裂面（见图6-7），

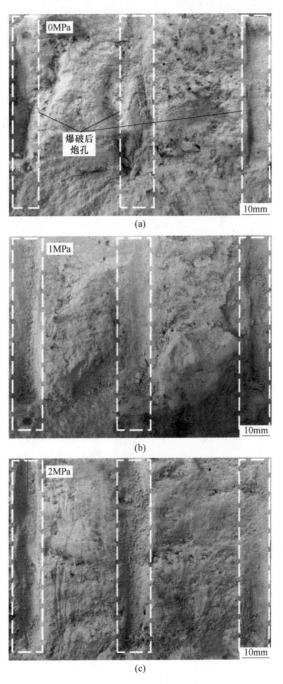

图 6-7　爆破后炮孔间断面
(a) G1；(b) G2；(c) G3

采用多重分形谱理论对炮孔间断裂面的粗糙程度进行分析。基于分形理论自相似原理，多重分形谱可以表示为[7]：

$$f(\alpha) = -\frac{\lg[N(\alpha)]}{\lg[b(\delta)]} \tag{6-2}$$

式中，$f(\alpha)$ 为所求多重分形维数谱；α 为奇异性指数；$N(\alpha)$ 为相应的盒子数；δ 为分形集尺子宽度；$b(\delta)$ 为覆盖盒子的尺寸。奇异性指数的定义为 $\alpha(q) = \lim\limits_{\delta \to 0}\Big[\sum\limits_{i}^{n} \mu_i(q, \delta)/\lg\delta\Big]$，其中 q 表示权重，则多重分形谱可表示为 $f(q) = \lim\limits_{\delta \to 0}\Big[\sum\limits_{i}^{n} \mu_i(q, \delta)\lg\mu_i(q, \delta)/\lg\delta\Big]$。

图 6-8 所示为不同围压下各光爆面的多重分形谱曲线。多重分形谱宽度 $\Delta\alpha =$

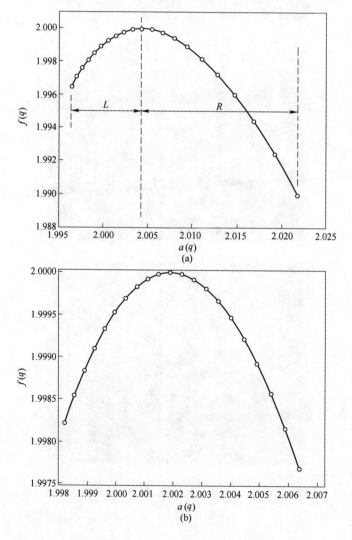

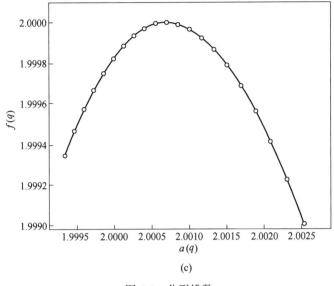

$$(c)$$

图 6-8   分形维数

(a) G1；(b) G2；(c) G3

$\alpha_{max} - \alpha_{min}$，反映了岩体表面裂隙尺度集中度概率测度分布的差异性程度，刻画了不平整度的波动程度。$\Delta\alpha$ 越大，爆破后炮眼间断裂面越粗糙，裂隙间距大小分布特征差异大；反之，$\Delta\alpha$ 越小，分布越集中于微裂隙小尺度间距，呈现微小裂纹数量多特征。

表 6-3 为多重分形谱计算参数，其中 I_{AS} 为非对称指数，其绝对值大小表征了爆后围岩岩壁的平整度分布和裂隙数量的均匀性，$I_{AS} = (L - R)/(L + R)$，L 为左极点至极大值垂线的距离，R 为右极点至极大值垂线的距离。

表 6-3   炮眼间断裂面的多重分形参数

围压值	$\Delta\alpha$	Δf	f_{max}	I_{AS}
0MPa	0.0261	0.0122	2.0017	-0.4176
1MPa	0.0101	0.0029	2.0006	-0.3069
2MPa	0.0032	0.0011	2.0002	-0.1875

从图 6-8 和表 6-3 中可以看出，不同试验方案下多重分形谱形态发生了明显变化，随着围压增大，爆破断裂面成形的多重分形参数（宽度 $\Delta\alpha$、维差 Δf、极大值 f_{max}）均有减小的趋势。无围压爆破后，断裂面多重分形谱开口宽度 $\Delta\alpha$ 的变化量大于围压条件下此参数的变化，表明在无围压光面爆形式下，围岩裂隙分布更为广泛，爆破扰动作用更强。多重分形谱 I_{AS} 绝对值随围压增大而减小，反映了光面爆破后围岩岩壁凹凸幅值和裂隙数量的分布由不均匀向均匀变化的趋势。

6.3.3　等效应变场分布特征

采用 DIC 技术，研究爆炸后试件表面的应变演化规律。如图 6-9 所示，为了叙述方便，炮孔从上到下编号为 1、2、3，虚线方框内的区域为选取的 DIC 的计算区域，炮孔连线的左边称为破坏岩体，即 A 区域，炮孔连线的右边称为保留岩体，即 B 区域。根据拍摄的散斑图计算各组试件（G1、G2 和 G3）的等效应变场随时间的变化。

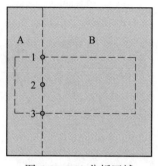

图 6-9　DIC 分析区域

图 6-10 中可以看出，爆炸后应力波在试样内部传播，直至到达表面，应变集中首先出现在炮孔周围。对于试样 G1 和 G3，应变集中区首先出现在炮孔 1 和 2 周围，并且集中区的范围很小。随着时间的增加，应变集中区在炮孔 1 和炮孔 2 之间逐渐贯通，炮孔周围的应变场变得混乱。裂纹继续从炮孔 2 扩展到炮孔 3，炮孔周围的应变场逐渐稳定。当围压为 1MPa（G2）时，应变集中区域首先出现在炮孔 2 周围，随后裂纹同时从炮孔 2 扩展到炮孔 1 和炮孔 3。

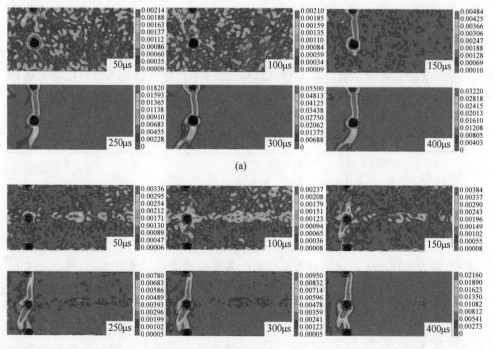

(a)

(b)

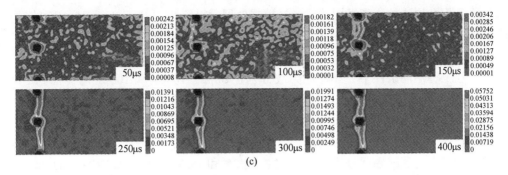

图 6-10 等效应变场演化过程
(a) G1; (b) G2; (c) G3

在该试验中发现了两种形式的裂纹扩展模式。一种是两个炮孔之间的裂纹优先穿透，然后延伸到第三个炮孔，这可能是由于起爆时间差的精度不足所致。另一种为裂纹同时从中间炮孔同时扩展到其他两个炮孔。

6.3.4 围岩应变演化规律

传统爆破理论认为，爆炸应力波压力与比距离（$r = r/r_{hole}$，r 为计算点到炮孔中心的距离，r_{hole} 为炮孔半径）呈指数关系，随距离增加快速减小。为研究光面爆破中压对应变演化规律的影响，监测并提取试件表面的应变信号。为了便于描述与分析，将炮孔 2 的中心设置为坐标系的原点坐标，炮孔连线方向为 Y 轴，垂直方向为 X 轴方向。综合考虑炮烟影响范围、应变衰减，设置 5 个测量点的坐标分别为 P1（10mm，0mm）、P2（15mm，0mm）、P3（25mm，0mm）、P4（75mm，0mm）、P5（125mm，0mm），如图 6-11 所示。

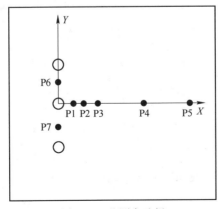

图 6-11 监测点选择

通过使用 VIC-2D 对高速相机拍摄到的图片进行处理后，得到在三个不同围压下，炮孔周边的应变场图片，经过数据处理后得到 P1、P2、P3、P4、P5 的应变随着时间变化的曲线。由于点 P4、P5 的应变信号变化较小，基本不受影响，因此本节仅列举了点 P1、P2、P3 的应变-时间曲线，如图 6-12 所示。

在三种不同条件下，爆炸应力波分别在 50μs、100μs 和 100μs 时传播到 P1 点，在 400μs、450μs 和 450μs 时达到峰值。随后，由于炮孔周围岩体的破坏，P1 点没有提供任何进一步的数据。P2 点和 P3 点距离炮孔较远，试件表面散斑未受损伤，可以获得更多的数据。当应力波达到 P2 时，等效应变的峰值明显衰减。峰值应变衰减幅度分别为 73.2%、81.2% 和 78.7%。G1、G2 和 G3 的 P3 点

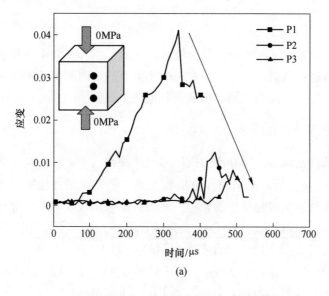

(a)

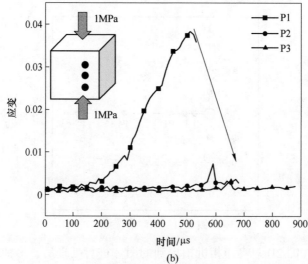

(b)

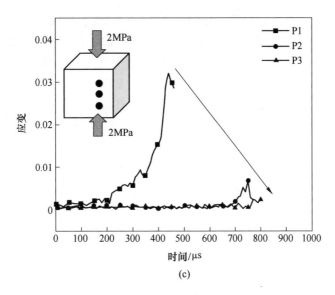

图 6-12 不同试件的应变随时间变化曲线

(a) G1；(b) G2；(c) G3

峰值应变进一步降低。应变率反映了材料的变形速率，是材料动态响应的重要表征，研究应变率具有至关重要的意义，本节中采用等效应变率近似描述应变率的方法来表征材料变形的快慢。爆炸应力波到达观测点的时间用 t_0 表示，相应的应变用 ε_0 表示。将应变达到 P1 峰值的时间定义为 t，将峰值应变表示为 ε，等效应变率为

$$\dot{\varepsilon} = \frac{\varepsilon - \varepsilon_0}{t - t_0} \qquad (6-3)$$

经过整理得到当围压为 0MPa、1MPa 和 2MPa 时，各个观测点的等效应变峰值和等效应变率，见表 6-4。

表 6-4 各测点的峰值应变及应变率

围压值	峰值应变 ε			应变率 $\dot{\varepsilon}$ /s^{-1}		
	P1	P2	P3	P1	P2	P3
0MPa	4.59×10^{-2}	1.23×10^{-2}	8.31×10^{-3}	1.91×10^{-4}	1.05×10^{-4}	6.71×10^{-5}
1MPa	3.82×10^{-2}	7.20×10^{-3}	3.00×10^{-3}	1.26×10^{-4}	5.51×10^{-5}	1.76×10^{-5}
2MPa	3.19×10^{-2}	6.80×10^{-3}	2.30×10^{-3}	1.20×10^{-4}	5.17×10^{-5}	1.31×10^{-5}

峰值应变和等效应变率与观测点时间的关系曲线如图 6-13 所示。围压为 0MPa 时，峰值应变由 P1 点的 4.59×10^{-2} 降至 P3 点的 8.31×10^{-3}，衰减幅度为 81.9%。从 P1 点到 P3 点的围压分别为 1MPa 和 2MPa，峰值应变衰减率分别为

92.1%和92.8%。对于 P1 点，当围压由非约束状态（0MPa）变为约束状态（1MPa）时，等效应变率由 $1.91×10^{-4}s^{-1}$ 下降到 $6.71×10^{-5}s^{-1}$。这反映了围压对材料变形的影响。P2 点和 P3 点的等效应变率与 P1 点的趋势相似。当围压为 1MPa 或 2MPa 时，P2 和 P3 的等效应变率几乎相等。这说明在一定范围内，材料等效应变率对围压不敏感。基于以上分析，可以得出以下结论：（1）峰值应变随距离的增加有明显的衰减；（2）当观测点靠近炮孔（10mm）时，应变峰值随围压的增大而减小；（3）当观测点远离炮孔（15mm 和 20mm）时，由于围压的影响，峰值应变也减小，在 1MPa 和 2MPa 的围压下，峰值应变基本不变；（4）等效应变率随围压的增大而减小，但当围压为 1MPa 或 2MPa 时，等效应变率值基本一致。

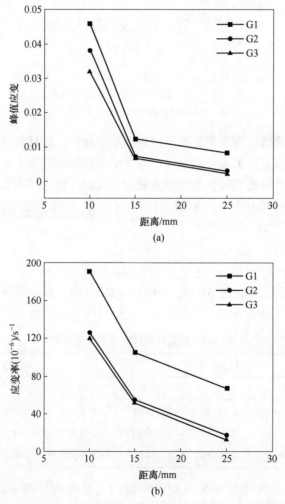

图 6-13 峰值应变和等效应变率与观测点时间的关系曲线

（a）峰值应变；（b）等效应变率

6.3.5　孔间峰值应变

炮孔间应变-时间曲线间接反映了炮孔间裂纹的分布模式，因此有必要确定炮孔间的应变演化规律。使用本书第 6.3.4 节中建立的坐标系，提取测量点 P6(0mm，20mm) 和 P7(0mm，−20mm) 的应变曲线，如图 6-14 所示。

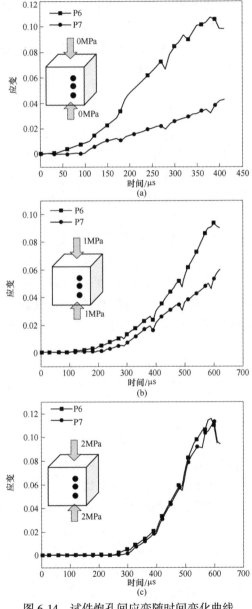

图 6-14　试件炮孔间应变随时间变化曲线
（a）G1；（b）G2；（c）G3

图 6-14 所示，围压为 0MPa 时，P6 点应变峰值为 0.10721，P7 点应变峰值为 0.032。它们的平均值是 0.070，差异是 0.075。围压为 1MPa 时，P6 点和 P7 点的峰值应变分别为 0.095 和 0.057，两者的平均值和差值分别为 0.076 和 0.037。当围压增加到 2MPa 时，P6 和 P7 点的峰值应变分别为 0.116 和 0.113。P6 和 P7 的平均值为 0.115，差异为 0.003。

总的来说，随着围压的增大，试件孔间峰值应变的平均值逐渐增大，差异逐渐减小。结果表明，围压对炮孔间的应变演化有显著影响。随着围压的增大，P6 与 P7 之间的应变差减小，裂纹形貌由不规则的锯齿形逐渐变为直线形，说明围压的存在对爆破能量的释放起着指导作用。

6.3.6　围岩损伤

围岩损伤度 D 是表征围岩体损伤特性的核心，通常基于连续损伤力学方法，在一定物理假设条件下，利用试验手段获取。连续损伤力学认为，处于应力环境下的岩体，其内部的原始缺陷（微裂纹、微孔洞）诱发应力集中，缺陷间的相互扰动打破既有平衡，原始缺陷被激活，并且微观上岩石粒间错动，以及原始缺陷与岩石颗粒间的相对位置变化，将会引发宏观岩石特征量的变化。因此，借助岩石密度、弹性模量、超声波波速及屈服应力的变化描述损伤度[8]，其具备固定的取值范围 [0, 1]，$D=0$ 可认为围岩体处于理想无损伤状态，$D=1$ 即可判定岩体破碎完全，损伤度 D 的拟合函数应具备单调性，即损伤不可逆，唯有单一增大趋势，现今较为常用的损伤表征方法包括弹模损伤度、密度损伤度、纵波波速损伤度与面积损伤度。本节采用纵波波速损伤度的方法，计算公式如下：

$$\begin{cases} E = \dfrac{V^2 r(1 + m_\mathrm{d})(1 - 2m_\mathrm{d})}{1 - m_\mathrm{d}} \\ D = 1 - \dfrac{E}{E_0} = 1 - \dfrac{V^2}{V_0} \end{cases} \tag{6-4}$$

式中，E_0 为爆破前岩的弹性模量；E 为爆破后岩体的等效弹性模量；V_0 为爆破前岩体的声波速度；V 为爆破后岩体的声波速度。

在光面爆破试验进行之前，先用超声波测试仪测出每一块爆炸前的波速，记为 V_0，完成爆破试验之后，在测出爆炸后的波速，三个测点如图 6-15 所示，1 号监测点与炮孔距离为 25mm，2 号监测点与炮孔距离为 75mm，3 号监测点与炮孔距离为 100mm。根据损伤公式（6-4）计算出损伤度。

三个监测点的在爆破前后的波速数据以及依据上述公式计算出的结果见表 6-5。

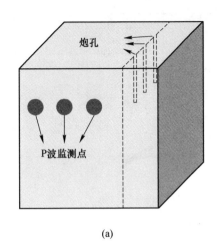

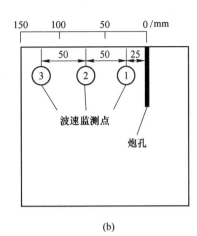

图 6-15   选择测波速的位置图

表 6-5   各组试件波速及损伤数据表

试件	监测点	爆破前岩体的声波速度 $V_0/\mathrm{m \cdot s^{-1}}$	爆破后岩体的声波速度 $V/\mathrm{m \cdot s^{-1}}$	损伤度 $D/\%$
	1		1391	5.2
G1	2	1430	1411	2.6
	3		1421	1.2
	1		1442	3.9
G2	2	1471	1452	2.5
	3		1463	1.1
	1		1657	2.9
G3	2	1681	1666	1.7
	3		1670	1.2

    如图 6-16 所示，石膏的损伤与围压有关系，相同的监测点，围压越大，损伤越小，相反，围压越小，损伤越大；同时在围压相同时，损伤度 D 随着监测点与炮孔的距离增大而逐渐减小；围压值越小，其曲线的坡度越陡，而随着围压的增大，曲线的坡度逐渐趋于平缓。由此说明，围压的增大会对爆破载荷下的围压损伤有抑制作用。

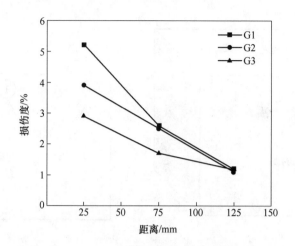

图 6-16　爆破后不同监测点的损伤数据图

6.4　高应力岩体光面爆破裂纹形成机理

通过对上述测试结果和分析，可以发现围压的存在有利于爆破后巷道轮廓的形成，也可以抑制围岩的破坏发展。从两个方面解释这种现象，即爆炸应力波对裂纹扩展的影响和地应力的存在对裂纹扩展的影响。

（1）爆炸应力波对裂纹扩展的影响。炸药爆炸后产生爆炸应力波，爆炸应力波作用于炮孔孔壁，产生粉碎区，粉碎区的出现不仅会消耗大量的能量，还使得后续应力波的传播介质劣化，导致应力波峰值的急剧衰减，部分应力波继续向前传播，但是其做功能力降低，岩体的破坏程度随之减弱，仅产生微小裂纹，当应力波衰减到不足以破坏岩石时，岩石仅产生弹性振动，此时的应力波称为弹性振动波。炸药爆炸的同时产生大量高温高压气体，称为爆生气体，与爆炸应力波相比，爆生气体具有显著的特点，传播速度慢，作用强度低，持续时间长。爆生气体在炮孔中均匀的向四周传播，楔入由爆炸应力波产生的岩石微裂纹，产生所谓的"气楔"效应，使得裂纹进一步扩展。岩石的各向异性使其各处的断裂韧度并不一致，在爆生气体的准静态作用下，裂纹将优先沿着岩石薄弱处扩展，最终形成若干个宏观主裂纹，如图 6-17 所示为裂纹扩展机理的示意图。从上述分析可以看出，与爆炸应力波瞬态性不同，爆生气体存在主动调节过程，这种主动调节过程对于岩石的裂纹扩展具有重要意义。

为简化分析，仅以两个炮孔间的爆炸应力波与裂纹相互作用分析为例，如图 6-18 所示。炮孔起爆后，爆炸应力波到达相邻炮孔产生的裂纹之前，作用过程基本与单孔爆破时一致。由于 P 波波速大于 S 波波速，因此爆炸应力波的 P 波首先到达裂纹尖端，对裂纹扩展具有一定的抑制作用，但这种抑制作用并不强烈，随后而来的 S 波与裂纹相互作用后，会促进沿炮孔连线方向的裂纹快速扩展[9~11]，爆生气体通过主动调节至沿炮孔连线方向的裂纹，进一步促进该方向的裂纹扩展，其他方向的裂纹则由于爆生气体的转移，扩展速度变慢，长度变短。这里需要注意的是，应力波的传播速度远大于裂纹扩展速度，相邻炮孔之间的距离 D 较短，因此在应力波对裂纹作用之前，炮眼孔壁裂纹发育程度较低，这也是单孔爆破后炮孔周边翼裂纹比双孔爆破后数量多、长度大的原因，如图 6-19 所示。

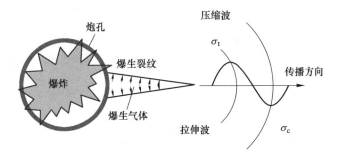

图 6-17　单孔爆破后裂纹的扩展机理

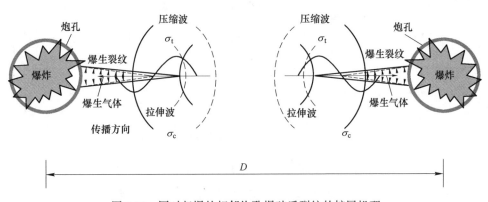

图 6-18　同时起爆的相邻炮孔爆破后裂纹的扩展机理

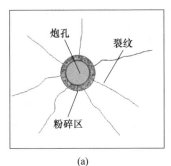
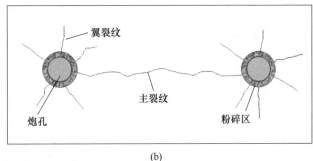

（a）　　　　　　　　　　　　　　（b）

图 6-19　单孔与双孔爆破后裂纹分布

（a）单孔；（b）双孔

（2）高地应力的存在对裂纹扩展的影响。地应力的存在主要是对炮孔周边应力场和岩体应力状态产生影响。根据 Yang[12] 的研究，单向应力作用下，圆孔处径向正应力和剪应力均为零，环向正应力可以表示为

$$\begin{cases} \sigma_\varphi = q_v(1 + 2\cos2\varphi) \\ \sigma_\rho = \tau_{\rho\varphi} = 0 \end{cases} \tag{6-5}$$

可见，当 φ 为 0°或 180°时，孔口处应力为压应力的 3 倍，当 φ 为 90°或 270°时，孔口处为与压应力等值的拉应力，如图 6-20 所示。在垂直于竖向应力方向，岩石处于压应力状态，在平行于竖直应力方向，炮眼孔口附近为拉应力场，有利于岩石裂纹的萌生和扩展，远区为压应力场。

图 6-20   叠加应力场对裂纹扩展影响示意图

炸药起爆后，岩石实际上处于爆炸应力场和地应力场的叠加应力场作用下，在垂直于竖向应力方向，压应力场对裂纹扩展有抑制作用，裂纹扩展速度降低。在平行于竖向压应力方向，压应力的存在对裂纹扩展有促进作用，使裂纹扩展长度增加。在有围压和无围压的两个试验中使用的炸药和装药参数相同，因此炸药释放的能量几乎相等。当试样处于无围压状态时，爆破后会产生更多的裂缝和碎屑，但在围压状态下，爆破后产生的裂缝会大大减少。如图 6-21 所示。裂缝的分布和破坏形式反映了围压对爆破的作用效应。

通过比较不同条件下岩体和爆破孔的峰值应变，发现在围压条件下，炮孔之间的应变大于没有围压的炮孔，但保留的岩体表现出相反的规律。作者认为这主要是由于保留岩体在围压作用下岩体的振动阻尼会迅速增加，应力传播过程中消耗的能量比无围压的情况多，导致应变和应变率均降低。这也从另一角度意味着围岩破坏程度受到抑制。

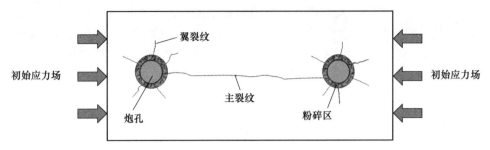

图 6-21　压应力作用下爆破后裂纹分布

6.5　高应力岩体预裂爆破分析

6.5.1　试验过程

预裂爆破试验方案与光面爆破方案类似，炮孔的布置示意图如图 6-22 所示。在试件的中间布置三个炮眼，几何尺寸相同，直径 D_2 为 7mm，炮眼深度 L_2 为 60mm 的炮孔，孔间距 L_3 为 40mm，不耦合系数为 1.4。药包置于炮孔底部，起爆方式为反向起爆，用沙子与胶水封堵。

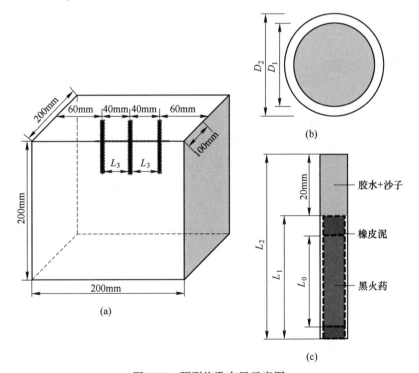

图 6-22　预裂炮孔布置示意图

（a）试件炮孔布置示意图；（b）炮孔放大俯视图；（c）炮孔放大正视图

　　为了探讨地应力的大小和方向对预裂爆破后岩体裂纹扩展和损伤分布的影响，设计了 5 组不同组合的试验方案，分别记为 Y1、Y2、Y3、Y4 和 Y5。其中，试件 Y1 施加竖向为 0MPa 的初始应力，试件 Y2、Y3 分别施加竖向静态载荷为 1MPa、2MPa 的初始应力，且炮孔连线方向与单轴压力方向平行，Y4、Y5 分别施加竖向静态载荷为 1MPa、2MPa 的初始应力且炮孔连线方向与单轴压力方向垂直。试验后对比分析不同初始应力场下试件损伤形态，应变演化、损伤分布特征，具体内容将在后续部分详细描述。具体参数见表 6-6。

表 6-6　预裂爆破试验方案设计

试件编号	Y1	Y2	Y3	Y4	Y5
炮孔的连线方向	无	竖直	竖直	水平	水平
单轴压力值/MPa	0	1	2	1	2
炮孔深度 /mm	60				
炮孔直径 /mm	7				
药包直径 /mm	5				
药量 /mg	250				
不耦合系数	1.4				
起爆方式	反向起爆				

6.5.2　试件破坏形态

　　爆破后炮孔间裂纹的成形特征直接反映了预裂爆破的效果。为分析炮孔间表面裂纹分布特征，爆破试验完成后搜集试件。仔细打磨试件表面，将散斑去除，增大周围介质和裂纹区域之间的色差。拍摄试件正面，对获取的照片进行二值化处理。提取出试件裂缝的外貌。试件破坏形态图及二值化裂纹处理结果统计汇总见表 6-7。

表 6-7　不同单轴压力作用下预裂爆破后裂纹形态特征

试件编号	试件破坏形态	二值化裂纹提取
Y1 单轴压力方向：无 单轴压力值：无		

试件编号	试件破坏形态	二值化裂纹提取
Y2 单轴压力方向：竖直 单轴压力值：1MPa		
Y3 单轴压力方向：竖直 单轴压力值：2MPa		
Y4 单轴压力方向：水平 单轴压力值：1MPa		
Y5 单轴压力方向：水平 单轴压力值：2MPa		

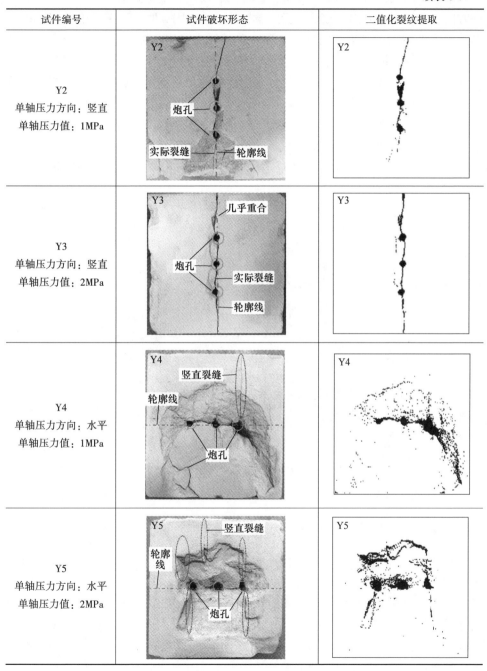

通过对不同条件下试件爆破后的形态对比可以发现，单轴压力的存在对实际预裂爆破后表面裂纹成形效果会产生显著的影响，分析如下：（1）在炮孔布置

方向平行于单轴压力方向的情况下，试件的表面均会出现贯通的裂缝，主裂缝扩展方向与单轴压力方向一致。当竖向单轴压力为0MPa时，爆破后炮孔间裂纹与设计轮廓线存在一定角度的偏斜，随着单轴压力的增大（1MPa，2MPa），爆破后的孔间裂纹逐渐与设计轮廓线一致，甚至重合。(2) 在炮孔布置方向垂直于单轴压力方向的情况下，孔间裂缝分布杂乱，但是基本呈现出以下若干规律。首先，当竖向压力为1MPa，主裂缝仅在三个炮孔之间形成，并未向试件边界扩展，竖向单轴压力增加至2MPa后，炮孔间仅形成一条极为细小的贯穿裂缝。再次，单轴压力的存在使炮孔的周围产生了少量的与单轴压力方向一致的竖向裂纹（见图6-23），随着单轴压力增大，竖向裂纹增多。同时可以观察到，随着单轴压力的增大，试件表面的破坏程度逐渐增加。综上所述，单轴压力的存在对裂纹扩展具有一定的导向作用，裂纹有沿着单轴压力方向扩展的趋势。

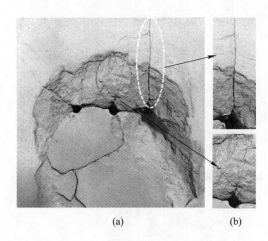

(a)　　　　　　　　　　(b)

图 6-23　竖向裂纹局部放大图
（a）全局视图；（b）局部视图

6.5.3　裂纹分形特征

近年来，相关学者将岩石看成是含有裂隙、孔洞等损伤的连续介质，通过分形对岩石内部的裂隙、孔洞的分布进行量化，建立分形维数与损伤之间的关系，定量分析岩石在爆破作用下的损伤演化。为研究竖向压力对相同装药结构下预裂爆破后孔间裂纹的影响，选取第6.5.2节提取的部分裂纹轮廓（长和宽均为80mm），如图6-24所示，引入分形理论，计算炮孔间裂纹的分形维数，分析炮孔间裂纹的损伤演化规律，建立单轴压力大小与方向与试件损伤间的关系。

关于分形维数的计算有多种方法，本节采用常用的计盒维数，它直观地反映了研究目标在研究区域的分布情况，且方法计算简单，方便使用。计盒分形维数

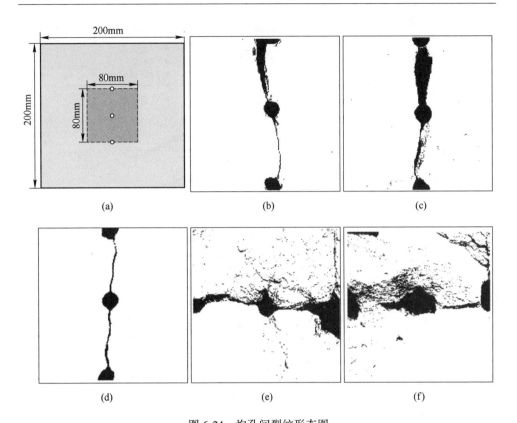

图 6-24   炮孔间裂纹形态图

(a) 裂纹轮廓提取范围；(b) Y1；(c) Y2；(d) Y3；(e) Y4；(f) Y5

计算公式为[13]

$$\lg N_r = D_f \lg r + b \tag{6-6}$$

式中，r 为小正方形的边长；N_r 是用此小正方形覆盖图像的小正方形的数目，即利用边长为 r 的小正方形覆盖图像来确定图像的分形维数。处理后得到 r、N_r 的相关数据，并在双对数坐标系下进行线性回归分析，得到一条线性相关直线，此直线斜率即为分形维数 D_f。

用计盒维数表示爆破后的损伤变量，定义岩体爆破前的损伤分形维数为 $D_{f0} = 0$，爆破后最大损伤面积时的分形维数为 $D_f^{max} = 2$。基于图 6-24 中爆破后试件表面裂纹区面积 A_f 所对应的分形值为 D_f，计算得相对损伤 Ω[14]

$$\Omega = (D_f - D_{f0})/(D_f^{max} - D_{f0}) = D_f/D_f^{max} = 0.5 D_f \tag{6-7}$$

基于上述分析可知，相对损伤 Ω 有效的反映了岩体爆破后试件表面的破坏程度。相对损伤 Ω 越大，岩体表面破坏程度越大。反之，相对损伤 Ω 越小，岩体表面破坏程度越小。如图 6-25 所示，(1) 当炮孔布置方向与单轴压力方向一致时，相对损伤 Ω 随竖向压力增大而减小，损伤减小的原因是随着单轴压力的增

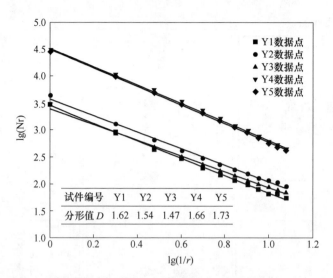

图 6-25　各组数据双对数坐标系下的线性拟合

大，炮孔间裂纹成形更加规则；（2）当炮孔布置方向与单轴压力方向垂直时，相对损伤 Ω 与无单轴压力状态时相比显著增大，且随着单轴压力的增大而增加，这是由于单轴压力对裂纹的扩展具有一定的导向作用，爆破后试件表面产生竖向裂纹导致的，单轴压力越大，这种导向作用越明显。

6.5.4　围岩应变演化规律

预裂爆破后，岩体中不仅会产生宏观裂纹，还会由于爆破振动在岩体中产生不可避免的损伤。而应变不但表征了岩体的变形程度，而且反映了爆炸荷载作用下岩体的振动强弱，因此本节采用应变演化规律来表征不同单轴压力条件下爆破后围岩的变形特征。根据散斑图计算各试件（Y1、Y2、Y3、Y4、Y5）的应变场，计算分析区域如图 6-26 所示（虚线矩形区域）。

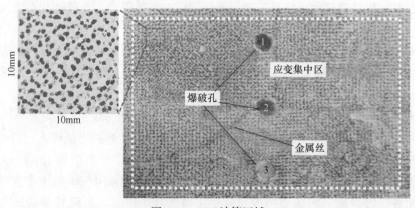

图 6-26　DIC 计算区域

图 6-27 所示为试件 Y1 表面应变演化过程。可以发现，在炸药起爆后，爆炸应力波首先在试件内部传播，然后到达试件表面。爆炸应力波传递至表面时，优先传递至炮孔周边，炮孔周边会产生应变集中区，此时试件全场应变较为混乱。随着时间的增加，三个炮孔逐渐贯通，此时炮孔间应变较大，其他区域应变迅速减小甚至为零，试件全场应变较为稳定。其他试件的应变场变化规律与试件 Y1 基本一致，所不同的主要是应变场大小，不再赘述。

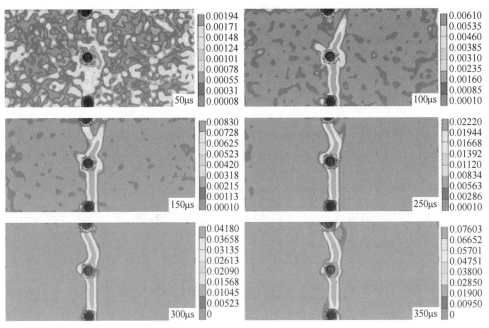

图 6-27　试件 Y1 应变场变化

为研究预裂爆破中单轴压力对应变演化规律的影响，建立以中间炮孔中心为原点，炮孔连线方向为 Y 轴，水平方向为 X 轴的直角坐标系，提取试件正视图的 P1～P3 点的应变时程曲线。P1～P3 点的坐标依次分别为（10mm，0mm）、（15mm，0mm）、（20mm，0mm）。建立的坐标系及不同竖向压力下试件各点的应变时程曲线如图 6-28 和图 6-29 所示。

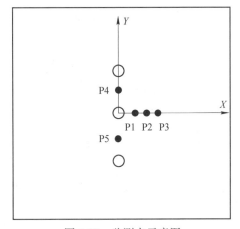

图 6-28　监测点示意图

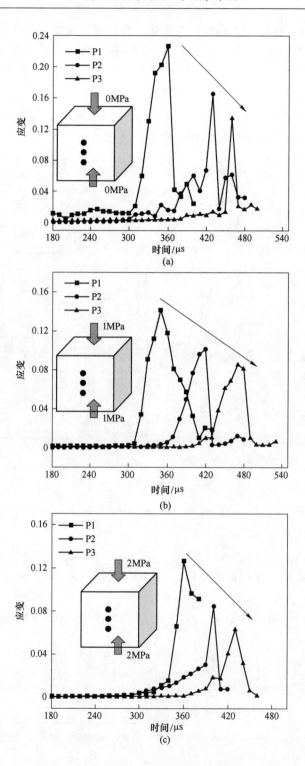

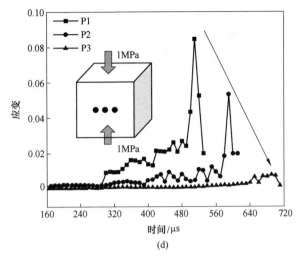

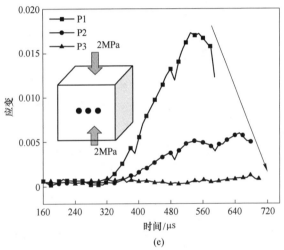

图 6-29 应变随时间变化曲线

(a) Y1；(b) Y2；(c) Y3；(d) Y4；(e) Y5

如图 6-29 和图 6-30 所示，一方面，当炮孔布置方向平行于单轴压力方向时（试件 Y1、Y2、Y3），爆炸应力波分别于 300μs 传到 P1 点，于 360μs 达到峰值。爆炸应力波传到 P2 点时有所降低，相对于 P1 点的峰值，衰减幅度分别为 37.6%、41.2%、41.5%；爆炸应力波传到 P3 点时，峰值应变进一步减小；另一方面，当炮孔连线方向垂直于单轴压力方向时（Y1、Y4、Y5），爆炸应力波分别于 300μs 传到 P1 点，于 360μs、500μs、560μs 达到峰值。试件表面应变分别于 440μs、600μs、640μs 在点 P2 达到峰值。相对于 P1 点应变峰值，应变峰值在 P2 点时大幅度降低，衰减幅度为 37.6%、76.7%、96.3%；应变峰值在 P3 点时进一步减小。

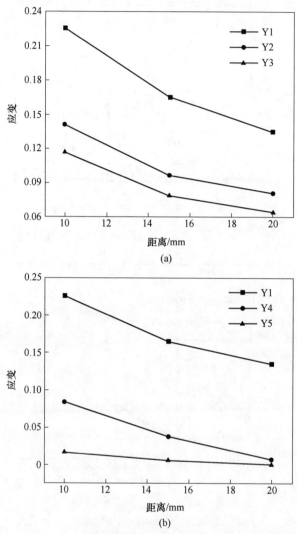

图 6-30　峰值应变随炮孔与测点距离的拟合曲线
（a）竖直压力；（b）水平压力

在炮孔连线平行于单轴压力方向的情况下，当单轴压力分别为 0MPa、1MPa 和 2MPa 时，从 P1 点到 P3 点的应变峰值衰减幅度分别为 48.2%、48.4%、52.6%；在炮孔连线垂直于单轴压力方向时，当单轴压力分别为 0MPa、1MPa 和 2MPa 时，从 P1 点到 P3 点的应变峰值衰减幅度分别为 48.2%、96.3%、98.7%。

综合以上分析得出，单轴压力的存在对应变的衰减有一定影响，应变峰值随着单轴压力的增大会有所减小；在单轴压力大小相同时，炮孔布置方向与单轴压力方向的夹角对峰值应变的衰减有明显的影响，炮孔连线方向与单轴压力方向平行时，峰值应变随着距离衰减的幅度要比垂直时的衰减幅度小得多。

6.5.5　孔间峰值应变

　　根据本书第 6.5.4 节所建立的坐标系，分析炮孔间的应变规律，提取 P4(0，20mm)、P5(0，-20mm) 两点的应变随时间变化的曲线，如图 6-31 所示。可以发现：（1）在炮孔连线方向与单轴压力方向平行时，单轴压力为 0MPa，1MPa，2MPa 时，P4 和 P5 两点的平均值分别为 0.115、0.120、0.121，差值分别为 0.035、0.021、0.013。随着单轴压力的增大，试件的炮孔间峰值应变的平均值逐渐增大，差值逐渐减小。（2）当炮孔连线方向与单轴压力方向平垂

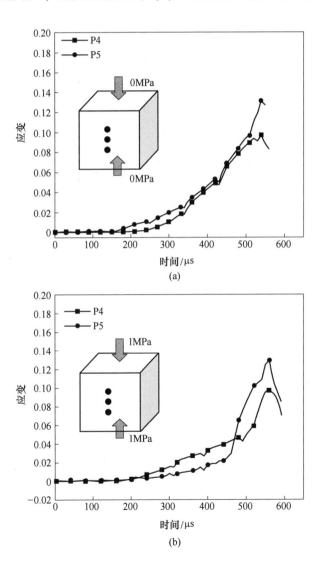

(a)

(b)

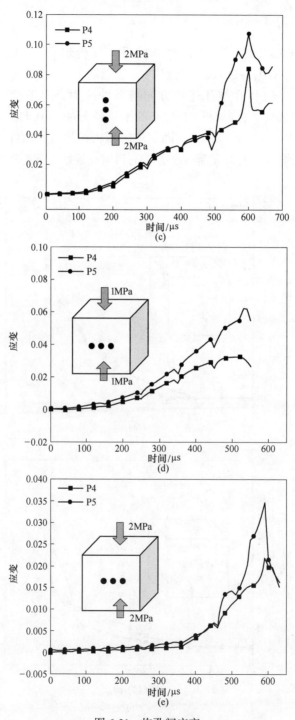

图 6-31　炮孔间应变

（a）Y1；（b）Y2；（c）Y3；（d）Y4；（e）Y5

直时，单轴压力为 1MPa 时（Y4 试件），P4 点和 P5 点的峰值应变分别为 0.063 和 0.033，二者平均值为 0.048，差值为 0.030；单轴压力为 2MPa 时（Y5 试件），P4 点和 P5 点的峰值应变分别为 0.035 和 0.020，二者平均值为 0.028，差值为 0.015。

由于炸药爆炸的瞬态性，模型材料内部孔隙分布的随机性，导致孔间应变变化规律的差异，当炮孔连线方向与单轴压力方向相同时，炮孔间材料的峰值应变平均值随着单轴压力的增大而增加，说明了单轴压力的存在对能量的释放起到一定的导向作用，爆炸能量在单轴压力作用下优先沿着炮孔布置方向释放，炮孔间材料的峰值应变差值随着单轴压力的增大而减小，则表明相对于材料内部的缺陷随机性对爆破的影响，单轴压力的存在占据主导作用。而当炮孔连线方向与单轴压力方向垂直时，炮孔间材料的峰值应变平均值随着单轴压力的增大而显著减小，也从另一个角度证明了所述结论的正确性。

6.5.6 围岩损伤

采用本书第 6.3.6 节中的损伤评价方法进行本部分的研究。在预裂爆破试验进行之前，先用超声波测试仪测出每一块爆炸前的波速 V_0，完成爆破试验之后，测出爆炸后的波速 V，测试仪器与测点布置图如图 6-32 所示。1~3 号监测点与试件中轴线距离分别为 20mm、50mm、80mm。

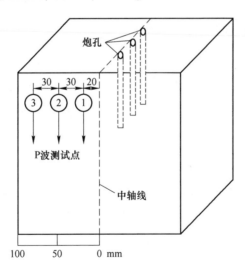

图 6-32 声波测试仪器测点选择示意图

依据上述公式计算出的损伤结果如图 6-33 所示，可以看出，单轴压力的存在显著影响石膏的损伤程度。当炮孔连线方向与单轴压力方向平行时，在相同的监测点处，单轴压力越大，损伤越小；同时在单轴压力相同时，损伤值 D 随着监

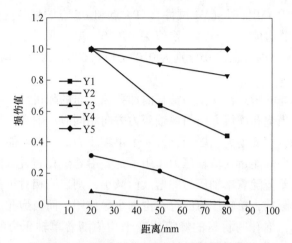

图 6-33　爆破后不同监测点的损伤数据图

测点与中轴线距离增加而逐渐减小；单轴压力值越小，其曲线的坡度越陡，随着单轴压力的增大，曲线的坡度逐渐趋于平缓。这种现象产生的原因是单轴压力对岩体振动的抑制造成的。当炮孔连线方向与单轴压力方向垂直时，试件表面产生的竖向裂纹数量逐渐随着单轴压力的增大而增加，使得测得的损伤值随着单轴压力的增大而增大。

6.6　预裂爆破数值模拟分析

6.6.1　本构模型

　　本次数值模拟利用 ANSYS 作为前处理软件，采用 3D SOLID 164 创建炸药、空气、炮泥和岩石的实体单元。考虑到爆炸过程是非线性的、大位移的、大变形的、大转动的和大应变的问题，所以选用 ALE 算法不仅能够克服因单元网格严重畸变造成的数值计算障碍，不同单元间的流固耦合动态分析也能得到较好的实现。本节对炸药和空气采用 ALE 单元，炮泥和岩石采用 LAGRANGE 单元，通过设置流固耦合的关键字 * constrained_ solid_ in_ ale，使得固体与流体之间的能量交换更加容易。模型建立中采用 g-cm-μs 单位制。

6.6.1.1　炸药介质本构模型的建立

　　针对炸药介质，在 LS-DYNA 中通常使用 8 号材料模型，模拟光面爆破模型试验中使用的炸药，由关键字 * MAT_ HIGH_ EXPLOSIVE_ BURN 进行添加。在模拟炸药对岩体破坏作用时，由于 JWL 状态方程能够在较大的压力范围内具有适用性，因此，炸药材料选用 JWL 状态方程，其 JWL 状态方程如式（6-8）所示。

$$p = A\left(1 - \frac{\omega}{R_1 V}\right) e^{-R_1 V} + B\left(1 - \frac{\omega}{R_2 V}\right) e^{-R_2 V} + \frac{\omega E}{V} \qquad (6-8)$$

炸药的本构模型参数以及 JWL 方程的 7 个状态方程参数 A，B，R_1，R_2，ω，E 和 V 取值见表 6-8。

表 6-8　炸药本构模型以及状态方程参数

密度/g·cm^{-3}	爆速 V/m·s^{-1}	爆压/GPa	A/GPa	B/GPa	R_1	R_2	ω	E/GPa	V
1.6	6930	21	372	3.2	4.2	0.95	0.3	7	0

6.6.1.2　空气介质本构模型的建立

针对空气介质，在 LS-DYNA 中通常使用 9 号材料模型，模拟光面爆破模型试验中使用的空气，由关键字 *MAT_ NULL 进行添加。空气的状态方程通过关键字 *EOS_ LINEAR_ PLOYNOMIAL 进行定义，其状态方程可以表示为

$$P = (C_0 + C_1 v + C_2 v C_3 v^3) + (C_4 + C_5 v + C_6 v^2) E \qquad (6-9)$$

空气的本构模型参数以及状态方程的参数 C_0，C_1，C_2，C_3，C_4，C_5，C_6，E 和 v 取值见表 6-9。

表 6-9　空气本构参数以及状态方程参数

介质	密度/kg·m^{-3}	C_0/MPa	C_1/MPa	C_2	C_3	C_4	C_5	C_6	E/GPa	v
空气	1.25	0	0	0	0	0.4	0.4	0	0.025	1.0

6.6.1.3　岩石介质本构模型的建立

由于爆炸过程是非线性的、大位移的、大变形的和大应变的，故本节的岩石材料选取 111 号 "H-J-C" 材料模型，通过 *MAT_ JOHNSON_ HOLMGUIST_ CONCRETE 进行定义。岩石的主要力学参数设置见表 6-10。

表 6-10　岩石本构模型参数

材料	密度/g·cm^{-3}	剪切模量/GPa	泊松比	A	B	C	N
岩石	2.4	14.86	0.21	0.79	1.6	0.007	0.61

6.6.1.4　炮泥介质本构模型的建立

针对炮泥介质，在 LS-DYNA 中通常使用 5 号材料模型，模拟光面爆破模型试验中堵塞炮孔用的炮泥，由关键字 *MAT_ SOLI_ AND_ FOAM 进行定义，炮泥材料的具体参数见表 6-11。

表 6-11 炮泥参数

材料	密度/g·cm^{-3}	剪切模量/MPa
炮泥	2.0	16

6.6.2 几何模型

基于预裂爆破模型实体的炮孔布设形式，综合考虑三个炮孔之间的相互影响，按照模型试验的尺寸建立全模型，如下图 6-34 所示。模型整体尺寸如下：长度为 20cm，宽度为 20cm，高度为 20cm。炮孔直径 7mm，炮孔的深度为 60mm，炮孔间距为 40mm。炸药直径 5mm，装药的长度为 30mm，堵塞长度为 30mm，不耦合系数 1.4。在建立模型时，空气介质与周边围岩材料部分重合，这样有助于炸药的爆轰产物及爆炸冲击波对周边岩体模型材料产生作用，能量传递更加容易，采用六面体单元划分岩体模型材料及炸药，为尽可能避免爆炸残余应力波在边界处发生反射，将数值模型边界处理为无反射边界。

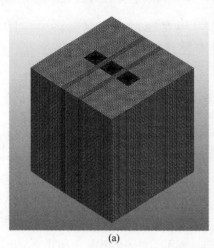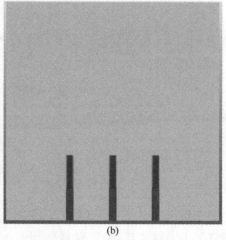

(a)   (b)

图 6-34 几何模型
(a) 几何结构；(b) 剖面图

使用流固耦合法计算，结合关键字 * ALE_ MULTI_ MATERIAL_ GROUP 将单点 ALE 多物质单元的炸药与空气介质绑定在同一个网格单元算法中，流固耦合相关参数利用关键字 * CONTROL _ ALE，* SET _ PART _ LIST，* CONSTRAINT_ SOLID_ IN_ ALE 进行设定。本节采用动力松弛的方法实现应力初始化，给预裂爆破数值模型在炸药爆炸之前加上初始应力，并配合关键字 * CONTROL_ TERNIMITION 设置求解时长为 100μs，时间步长使用关键字 * CONTROL_ TIMESTEP 设置时间步长为 0.6，为防止残余应力波在模型体边界处发生反射，影响爆破计算结果，通过关键字 * BOUNDARY_ NON_ REFLECTION 将模型体外围定义为无反射边界。

6.6.3　结果分析

在后处理软件 Lspropost 中可以得到模型中单元的应力应变等响应时程规律，爆破过程中最大主应力云图如图 6-35 所示，从图中可以看出应力波在试件中的传播过程。

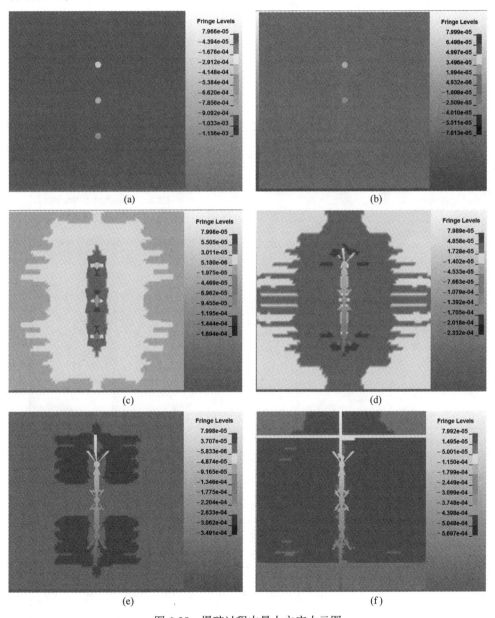

图 6-35　爆破过程中最大主应力云图

（a）4μs；（b）16μs；（c）21μs；（d）29μs；（e）34μs；（f）100μs

提取数值模拟中各个试件的预裂缝形状，表 6-12 给出了试验和数值模拟的预裂缝形状对比。通过数值模拟结果和模型试验检测结果可以发现模拟结果与试验结果的预裂缝形状吻合良好。

表 6-12　各组模型试验结果和模拟结果对比

试件编号	模型试验裂缝原图	数值模拟裂缝原图
Y1		
Y2		
Y3		

续表 6-12

试件编号	模型试验裂缝原图	数值模拟裂缝原图
Y4	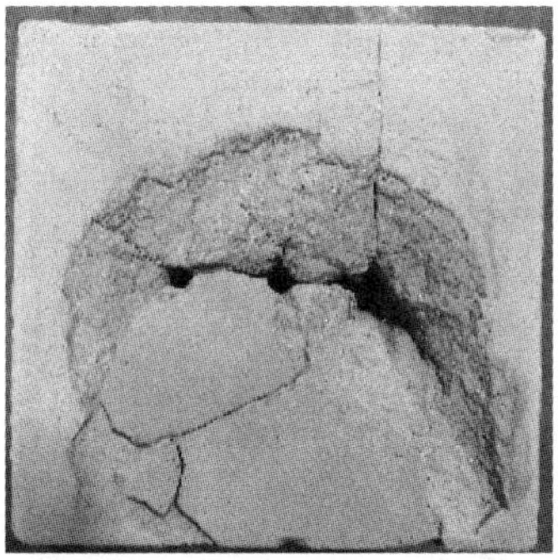	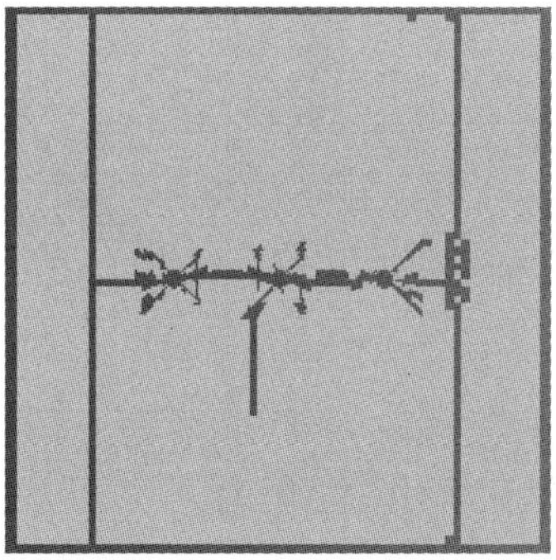
Y5	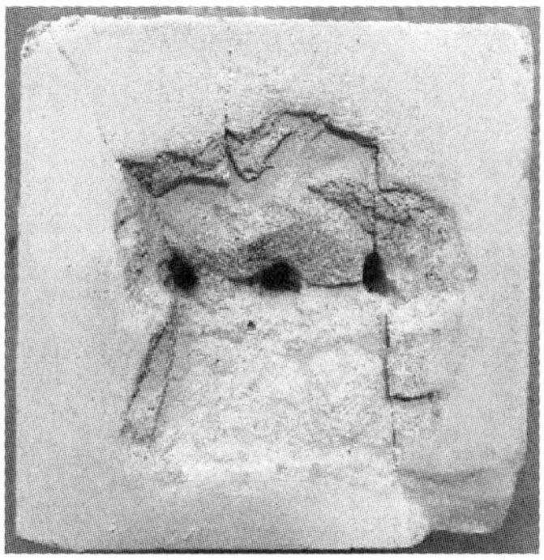	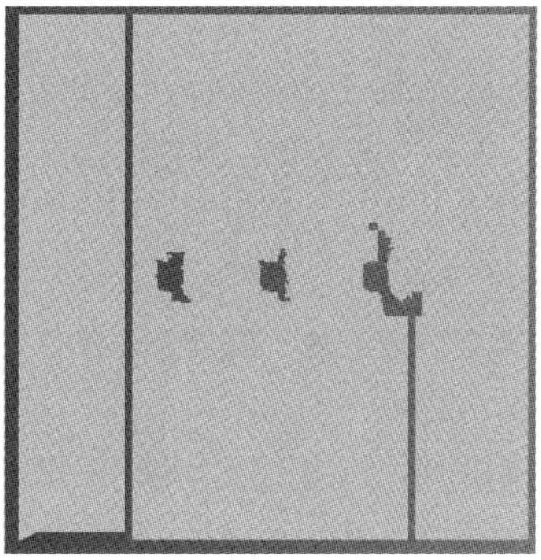

提取各组数值模拟中预裂缝长度随时间变化的数据，并做出如图 6-36 所示曲线。可以发现：当炮孔连线方向与单轴压力方向一致时，形成预裂缝所需的时间随着单轴压力的增大而减小；当炮孔连线方向与单轴压力方向垂直时，预裂缝的长度随着单轴压力的增大而减小，直至不扩展。

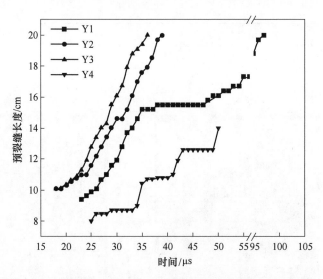

图 6-36　预裂缝长度随时间变化曲线图

参 考 文 献

［1］ Lu W, Chen M, Geng X, et al. A study of excavation sequence and contour blasting method for underground powerhouses of hydropower stations ［J］. Tunnelling and Underground Space Technology, 2012, 29: 31-39.

［2］ 戴俊. 深埋岩石隧洞的周边控制爆破方法与参数确定 ［J］. 爆炸与冲击, 2004, 24（6）: 493-498.

［3］ 戴俊, 钱七虎. 高地应力条件下的巷道崩落爆破参数 ［J］. 爆炸与冲击, 2007, 27（3）: 272-276.

［4］ 谢瑞峰. 深井高应力围岩松动爆破机理研究 ［D］. 淮南: 安徽理工大学, 2010.

［5］ 付玉华, 李夕兵, 董陇军, 等. 损伤条件下深部岩体巷道光面爆破参数研究 ［J］. 岩土力学, 2010, 31（5）: 1420-1426.

［6］ 徐颖, 袁璞. 爆炸荷载下深部围岩分区破裂模型试验研究 ［J］. 岩石力学与工程学报, 2015（S2）: 3844-3851.

［7］ 薛东杰, 周宏伟, 任伟光, 等. 北山花岗岩深部节理间距分布多重分形研究 ［J］. 岩土力学, 2016, 37（10）: 2937-2944.

［8］ Lemaitre J. 1992. A Course on Damage Mechanics. Berlin Heidelberg: Springer.

［9］ Qiu P, Yue Z, Zhang S, et al. An in situ simultaneous measurement system combining photoelasticity and caustics methods for blast-induced dynamic fracture ［J］. Review of Scientific Instruments, 2017, 88（11）：115113.

［10］ Qiu P，Yue Z W，Yang R S，et al. Mode I stress intensity factors measurements in PMMA by caustics method：A comparison between low and high loading rate conditions ［J］. Polymer Testing, 2019.

［11］ 杨仁树，许鹏，陈程. 爆炸应力波与裂纹作用实验研究 ［J］. 爆炸与冲击，2019，39（8）：30-40.

［12］ Yang R，Ding C，Li Y，et al. Crack propagation behavior in slit charge blasting under high static stress conditions ［J］. International Journal of Rock Mechanics and Mining Sciences, 2019，119：117-123.

［13］ 彭瑞东，谢和平，鞠杨. 二维数字图像分形维数的计算方法 ［J］. 中国矿业大学学报，2004（1）：22-27.

［14］ 杨仁树，许鹏. 爆炸作用下介质损伤破坏的分形研究 ［J］. 煤炭学报，2017，42（12）：3065-3071.

7 高应力岩体定向断裂控制爆破

7.1 概述

定向断裂控制爆破技术起源于传统的光面爆破，并且在岩石爆破中占有越来越重要的地位。定向断裂爆破采用改变装药结构、炮孔形状或在炮孔内增加附件等方法来改善炮孔周围岩体的受力，即在炮孔中心的连线方向上增强装药爆炸的作用力，或者降低岩体的抗破坏能力，使裂纹在预定方向上优先起裂、扩展和贯通，得到光滑的爆破面，从而提高光面爆破效果。岩石定向断裂爆破技术，目前已经广泛应用于井巷周边成形爆破、珍贵石材的开采爆破和大型块体切割爆破等领域。在井巷工程中采用定向断裂爆破技术，可以有效地减少超挖、欠挖，提高爆破后炮孔眼痕率；同时也减少炮孔周围岩石上的次生裂纹的产生，改善了爆破质量，提高了围岩的稳定性。特别是在节理、裂隙较发育的岩层中使用定向断裂爆破方法，爆破效果会明显改善，产生较好的经济效益。

切槽爆破和切缝药包爆破是具有代表性的定向断裂控制爆破的方法[1]。切槽孔爆破是指在炮孔轴向孔壁上按爆破开裂方向和设计要求，切出一定深度的 V 形槽。V 形槽是根据裂纹扩展理论，在炮孔内壁预制初始裂纹，初始裂纹起到应力集中和导向作用，使岩石在爆破作用下，沿槽线方向断裂。这种爆破方法优点在于将爆破能量集中于切槽方向，在切槽方向裂纹扩展的同时，抑制其他方向裂纹的起裂，其他裂纹起裂所需要的能量低，引起的爆破震动小。切缝药包爆破是在具有一定的密度和强度的炸药外壳上开有不同角度、不同形状和数量的缝隙，利用切缝控制爆炸应力场的分布和爆生气体对（孔壁）介质的准静态作用和尖劈作用，达到控制所爆介质开裂方向的目的。

切槽和切缝药包爆破在实际应用中具有良好的定向爆破效果，但在深部岩体中切槽和切缝药包爆破的适用性需要进一步讨论和分析。本章采用动静组合加载试验装置和数字激光焦散线试验方法，对不同初始静态应力场下切槽和切缝药包爆破的爆生裂纹扩展行为进行试验研究，探究炮孔切槽和切缝与水平方向成不同角度下，初始应力场对爆生裂纹扩展规律的影响效应，为深部岩体中开展切槽和切缝药包爆破技术提供科学指导。

7.2 深部岩体切槽爆破力学模型

杜云贵和张志呈在文献[2]中对切槽爆破机理进行了深入分析，认为 V 形切槽在装药爆炸时产生的力学效应包括爆炸冲击波的动态作用和爆生气体的准静态压力作用。(1) 动态作用。在爆炸冲击波的作用下，V 形切槽由于应力波的反射和绕射将产生两个力学效应，一是在切槽尖端形成一个较强的动态应力–应变场，二是在切槽根部附近区域形成一个新裂纹生长抑制区。这两个效应的共同作用使得裂缝在沿切槽方向扩展的同时，又抑制了其他方向裂缝的产生，从而达到控制岩石断裂方向的目的。(2) 准静态压力作用。在爆生气体的准静态压力作用下，V 形切槽的存在也将产生两个力学效应。在切槽尖端处产生应力集中现象的同时，还使孔壁上的切向拉应力有所降低，特别是在切槽根部附近的区域，形成了一个压应力和低拉应力区，即新裂缝生长的抑制区，如图 7-1 (a) 所示的阴影部分。在这两个效应的共同作用下，裂缝必然在切槽尖端开始向前扩展，同时又抑制了新裂缝在孔边其他方向的生成，有助于达到定向破裂爆破的目的。

爆炸理论认为爆炸应力波先作用于孔壁的岩石面产生初始裂纹，后续的爆生气体促进初始裂纹继续扩展。因此，对于切槽爆破来说，爆破开始阶段，在爆炸冲击波作用下切槽尖端首先形成初始裂纹，随后，爆生气体以准静态压力的形式作用于切槽炮孔孔壁和初始裂纹面上。由于应力波传播速度远大于裂纹扩展速度，因此爆生气体后续作用过程中，应力波已经传播通过，沿切槽尖端产生初始裂纹上只有残余应力 σ，其力学模型[3]如图 7-1 (b) 所示。

根据断裂力学理论，无限平板中有两对径向裂缝圆孔受均匀内压时裂纹尖端应力强度因子为

$$K_{\mathrm{I}} = PF\sqrt{\pi(r+a)} + \sigma\sqrt{\pi a} \tag{7-1}$$

考虑到残余应力 σ，远小于爆生气体压力 P，上式可简化为

$$K_{\mathrm{I}} = PF\sqrt{\pi(r+a)} \tag{7-2}$$

对于深部岩体中实施切槽爆破而言，深部地应力相对于爆炸冲击波当量来说，可以忽略不计，即在深部岩体爆破开始阶段，切槽尖端在爆炸冲击波作用下出现裂纹，即裂纹起裂阶段，不必考虑地应力作用。但是在裂纹后续的扩展过程中，裂纹扩展受到初始静态应力场和动态应力场的共同作用，如图 7-1 (c) 所示，复合静态应力强度因子也包括静态和动态两部分，分别用 K_{s} 和 K_{I} 表示。处于深部岩体中的切槽炮孔，当最大主应力方向与切槽方向主裂纹呈 90° 夹角时，最大主应力在裂纹尖端产生负的应力集中，静态部分强度因子为

$$K_{\mathrm{s}} = -q \cdot F\sqrt{\pi a} \tag{7-3}$$

处于叠加组合应力场中爆生裂纹应力强度因子为

$$K = K_{\mathrm{I}} + K_{\mathrm{s}} = P \cdot F\sqrt{\pi(r+a)} - qF\sqrt{\pi a} \tag{7-4}$$

式中，P 为爆生气体的准静态压力；q 为初始静态压应力；r 为炮孔半径；a 为裂缝长度；F 为修正系数；一般取值为 1。

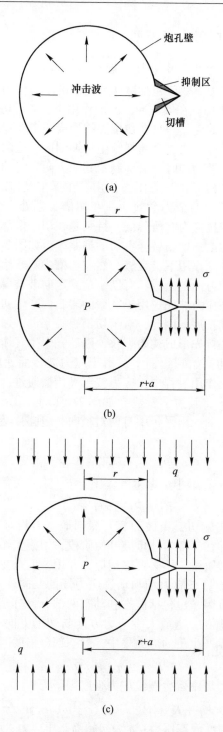

图 7-1　爆破载荷下炮孔的力学模型图

7.3 深部岩体切槽爆破试验

7.3.1 试验过程

深部岩体切槽爆破试验采用本书第 2 章介绍的新型数字激光动态焦散线试验系统和自主设计的用于模拟深部岩石爆破致裂的动静组合加载系统。试验材料仍选用 PMMA。试件尺寸为 315mm×285mm×8mm，炮孔位于试件中心，直径 6mm，并在炮孔上制作深 2mm，角度 60°的切槽（采用激光加工）。共设计三组试验方案，记为 S1、S2、S3，装药量 200mg，耦合装药，在相同爆炸载荷作用下分别施加竖向静态载荷 0MPa、3MPa、6MPa，具体参数见表 7-1，如图 7-2 所示为试件模型示意图。对比分析三组试验方案中不同切槽角度下爆生裂纹的扩展长度、偏转角度、扩展速度和裂纹尖端应力强度因子随时间的变化规律，探究深部岩体爆生裂纹扩展行为特征。

表 7-1　试件和试验参数

试件编号	尺寸/mm×mm×mm	切槽与水平方向角度/(°)	竖向静态载荷/MPa
S1-1	315×285×8	0	0
S1-2	315×285×8	45	3
S1-3	315×285×8	90	6
S2-1	315×285×8	0	0
S2-2	315×285×8	45	3
S2-3	315×285×8	90	6
S3-1	315×285×8	0	0
S3-2	315×285×8	45	3
S3-3	315×285×8	90	6

7.3.2 切槽炮孔应力分析

如图 7-3 所示为不同切槽与竖向压力夹角的焦散线照片。在竖向载荷作用下，试件中预制炮孔及切槽周围应力集中，形成焦散斑，随着竖向载荷增大，焦散斑相应增大，应力集中程度越来越强。由于试件加工以及光线与试件的夹角影响，试验中炮孔周围在竖向载荷为 0MPa 时产生部分阴影。

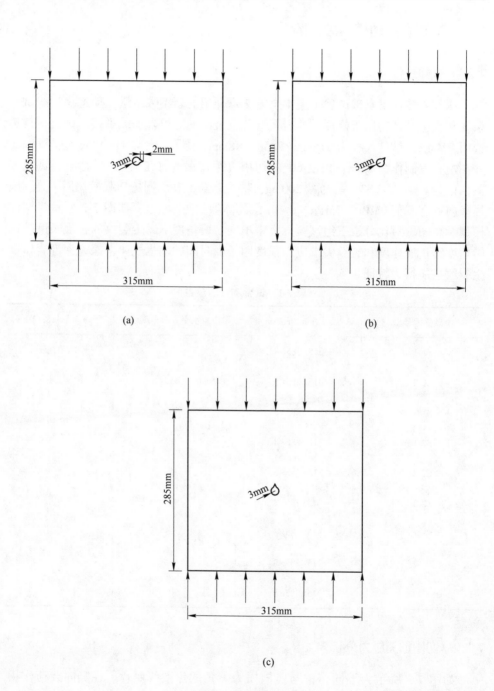

图 7-2　试件模型示意图

（a）切槽孔与水平成 0°；（b）切槽孔与水平成 45°；（c）切槽孔与水平成 90°

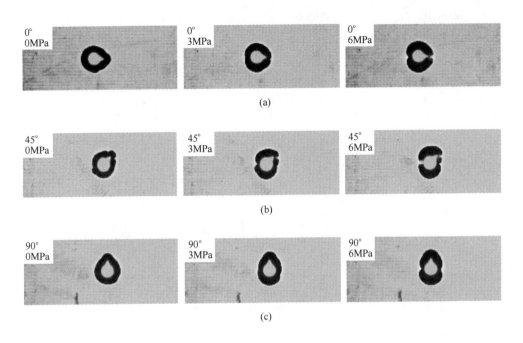

图 7-3　竖向载荷作用下炮孔周围的焦散线
（a）0°试件；（b）45°试件；（c）90°试件

炮孔切槽与水平成 0°时，竖向压应力的存在，切槽尖端没有形成明显的应力集中，而在炮孔顶部形成最明显的应力集中，此时切槽壁两边应力集中程度相似；炮孔切槽与水平成 45°时，由于竖向压应力的存在，切槽尖端并没有形成明显应力集中，而在炮孔周边形成明显应力集中，此时切槽壁上方应力集中程度大于下方，切槽尖端产生向最大主应力方向的破坏趋势；炮孔切槽与水平成 90°时，竖向压应力的存在，切槽尖端形成应力集中，同时炮孔下部产生明显应力集中，此时切槽两端应力集中程度相似。深部岩体切槽炮孔与圆形炮孔应力分布有明显差异；除 90°外切槽角度不同时，导致炮孔壁上应力集中位置改变，但切槽尖端的应力集中不明显。

7.3.3　试件破坏形态

如图 7-4 所示给出爆破后试件的照片，图 7-5 为爆生主裂纹位移与偏转角度曲线。炮孔切槽与水平成 0°时，试件 S1-1 只在爆破载荷下作用，炮孔周围产生 5 条较明显裂纹，沿切槽方向主裂纹扩展长度为 93mm。试件 S2-1 和 S3-1 同时施加爆破载荷和初始应力场（竖直方向），炮孔周围产生 3 条较明显裂纹，沿切槽方向爆生主裂纹扩展长度分别为 38mm 和 33mm，裂纹产生轻微弯曲，这

图 7-4 爆破后的试件

（a）0°试件；（b）45°试件；（c）90°试件

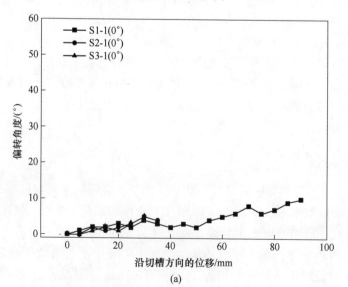

（a）

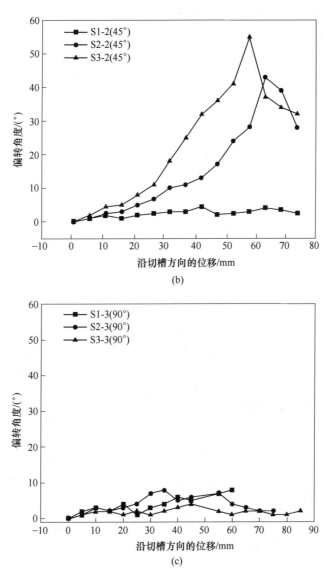

图 7-5　爆生主裂纹位移与偏转角度曲线

(a) 0°试件；(b) 45°试件；(c) 90°试件

与装药结构、起爆器性能、材料内部微观结构等有直接影响。此时初始应力场的存在对裂纹扩展起阻碍作用。

　　炮孔切槽与水平方向成45°时，试件爆生主裂纹沿切槽方向扩展长度基本不变，为75mm，裂纹方向发生偏转，如图7-5给出主裂纹位移与偏转角度曲线，试件 S1-2，其爆生主裂纹扩展路径较为平直，基本无明显偏转，对于试件 S2-2

和 S3-2，随着爆生主裂纹扩展长度的增加，裂纹的偏转角度随之增大，且初始应力场越大，爆生主裂纹的最大偏转角也相应增大，三个试件的最大偏转角分别为 4.5°、43°、55°。

　　炮孔切槽与水平方向成 90°时，试件 S1-3 只在爆破载荷下作用，炮孔周围产生细密裂纹，沿切槽方向爆生主裂纹扩展长度为 61mm，试件 S2-3 同时施加爆破载荷和 3MPa 的初始应力场（竖直方向），爆生主裂纹扩展长度为 76mm，试件 S3-3 同时施加爆破载荷和 6MPa 的初始应力场（竖直方向），爆生主裂纹扩展长度为 83mm。三个试件的主裂纹扩展方向基本不发生改变。此时初始应力场的存在对裂纹扩展起促进作用。

7.3.4　裂纹扩展行为

　　以试件 S1-1 为例，给出不同时刻的焦散线照片，如图 7-6 所示对裂纹扩展轨迹进行测量，并按照片与实际的比例进行换算，近似计算裂纹扩展的平均速度并绘制曲线图。

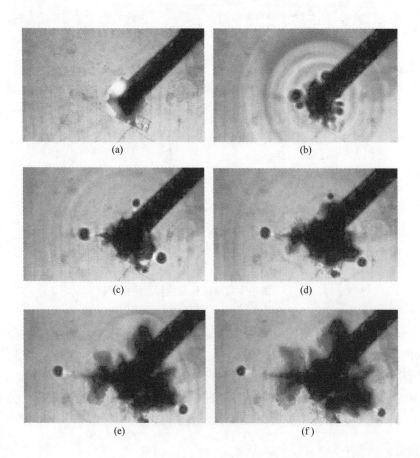

(a)　　　　　　　　　　　　(b)

(c)　　　　　　　　　　　　(d)

(e)　　　　　　　　　　　　(f)

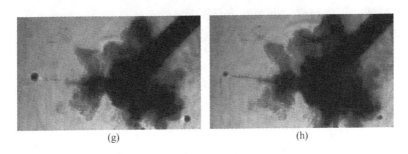

(g)　　　　　　　　　　　　　　(h)

图 7-6　不同时刻焦散线照片

（a）0μs；（b）30μs；（c）70μs；（d）100μs；（e）150μs；（f）180μs；（g）220μs；（h）260μs

炮孔切槽与水平方向成 0°时（见图 7-7），试件 S1-1、S2-1、S3-1 的爆生主裂纹扩展长度分别为 93mm、38mm、33mm，初始速度分别为 585m/s、357m/s、252m/s，由于爆炸应力波入射、反射的相互影响，裂纹扩展速度表现出明显的波动下降特征。试件 S1-1 爆生裂纹相比于施加初始应力场的试件 S2-1、S3-1 扩展速度下降较慢，表明其加速度较小，即此时初始应力场对切槽爆生裂纹的扩展起阻碍作用，且随着初始静态应力场的增加，裂纹扩展长度和扩展速度减小，裂纹扩展的衰减速度加剧。此时初始应力场的存在抑制了裂纹的扩展，且应力越大，抑制效果越明显。

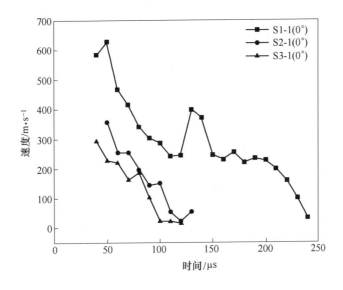

图 7-7　0°试件速度时间曲线

炮孔切槽与水平方向成 45°时（见图 7-8），试件 S1-2、S2-2、S3-2 爆生主裂纹沿切槽方向扩展长度无明显差异，为 75mm 左右，裂纹扩展速度及速度衰减总体相似，呈波动下降趋势。由本章前面分析可知，此时初始应力场改变了裂纹的扩展方向，且应力越大，裂纹的偏转角相应增大，裂纹沿最大主应力方向偏转。

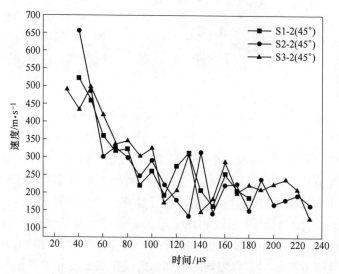

图 7-8　45°试件速度时间曲线

炮孔切槽与水平方向成 90°时（见图 7-9），试件 S1-3、S2-3、S3-3 爆生主裂纹扩展长度分别为 61mm、76mm、83mm，裂纹扩展初始速度分别为 269m/s、409m/s、491m/s，此时随着初始静态应力场的增加，裂纹扩展长度和速度增加。初始应力场的存在促进了裂纹的扩展，且应力越大，促进效果越明显。

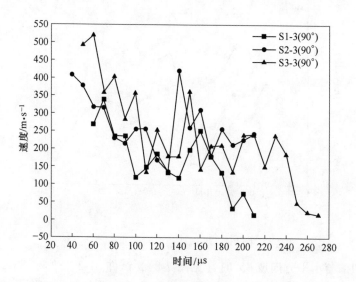

图 7-9　90°试件速度时间曲线

测量图 7-6 中不同时刻焦散斑直径，计算应力强度因子的值，绘制出对应裂纹尖端应力强度因子与时间的关系图，如图 7-10 所示。

切槽与水平方向成 0°时，见图 7-10（a），各试件应力强度因子有明显差异，整体来看 S1-1 最大，S2-1 次之，S3-1 最小，试件 S1-1 的最大应力强度因子值为 $2.52\mathrm{MPa}\cdot\mathrm{m}^{1/2}$，S2-1 的最大应力强度因子值为 $2.49\mathrm{MPa}\cdot\mathrm{m}^{1/2}$，试件 S3-1 最大应力强度因子值为 $2.19\mathrm{MPa}\cdot\mathrm{m}^{1/2}$，初始应力场与主裂纹扩展方向垂直，在裂纹尖端产生闭合压应力，降低了裂纹尖端应力集中，随着初始应力的增大，裂纹尖端处的闭合压应力相应增大，应力强度因子值相应减小。

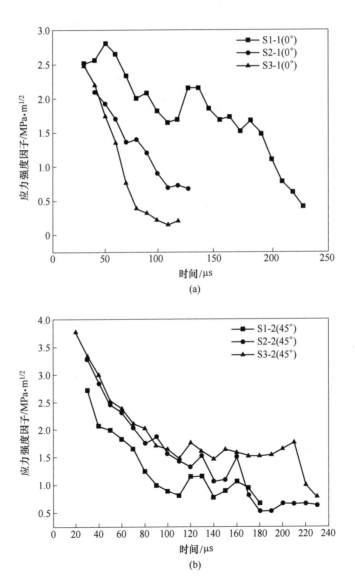

(a)

(b)

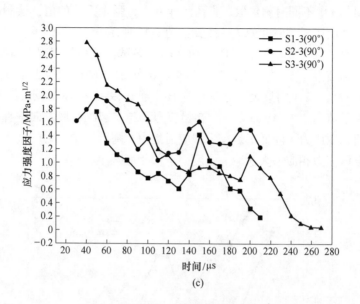

图 7-10　应力强度因子与时间关系

（a）切槽孔与水平成 0°角；（b）切槽孔与水平成 45°角；（c）切槽孔与水平成 90°角

切槽与水平方向成 45°角时，如图 7-10（b）所示，试件 S3-2 应力强度因子最大，最大值为 3.81MPa·$m^{1/2}$，试件 S2-2 次之，最大值为 3.27MPa·$m^{1/2}$，试件 S1-2 最小，最大值为 2.73MPa·$m^{1/2}$，初始应力场改变了裂纹扩展模式，由 I 型破坏变为混合型破坏，且随着应力增大，剪切型断裂明显。

切槽与水平方向成 90°角时，如图 7-10（c）所示。整体来看，试件 S3-3 应力强度因子最大，最大值为 2.79MPa·$m^{1/2}$，试件 S2-3 次之，最大值为 2.02MPa·$m^{1/2}$，试件 S1-3 最小，最大值为 1.78MPa·$m^{1/2}$，初始应力场在裂纹的尖端处产生应力集中，初始应力越大，应力集中现象越强，应力强度因子值相应增大。`

综上分析可得，对于深部岩体切槽爆破，在初始应力场作用下，切槽孔的存在改变了圆形炮孔周边的应力分布。

当切槽孔方向与初始应力场方向垂直时，初始应力场降低了裂纹尖端应力集中，抑制了裂纹的扩展，且应力越大，抑制效应越明显，但不改变爆生裂纹的扩展方向。此时，在深部岩体中进行定向断裂爆破，为达到预期效果，需增加装药量。

当切槽孔方向与初始应力场方向夹角为锐角时，初始应力场改变了裂纹模式，由 I 型破坏变为混合型破坏，且随着应力越大，剪切型断裂越明显；同时，改变了定向爆破中裂纹的设计方向，裂纹沿最大主应力方向扩展。此时，深部岩体中进行定向断裂爆破，不能很好地达到预期效果。

当切槽孔方向与初始应力场方向平行时，初始应力场提高了裂纹尖端应力集中，促进了裂纹的扩展，且应力越大，促进效应越明显，但不改变爆生裂纹的扩展方向。此时，在深部岩体中进行定向断裂爆破，为达到预期效果，需减少装药量。

7.4 深部岩体切缝药包爆破力学模型

切缝药包爆破的实质是在具有一定密度和强度的炸药外壳上开有不同角度、不同形状和数量的切缝，利用切缝控制爆炸应力场的分布和爆生气体对（孔壁）介质的准静态作用和尖劈作用，达到控制被爆介质开裂方向的目的[4]。切缝药包爆破定向裂缝的形成过程可分为两个阶段：第一阶段为炸药起爆后，冲击波的动态作用，使与切缝相对的孔壁优先产生裂缝；第二阶段为裂缝在爆生气体的准静态压力作用下继续扩展。

7.4.1 切缝药包的裂纹起裂阶段

由于岩石的抗压强度远大于其抗拉强度，这里仅分析岩石受拉应力破坏情况，即当岩体拉应力值超过岩石的抗拉强度时，将产生径向初始裂纹。炮孔受力示意图如图 7-11（b）所示，由文献[5]可知，应力波通过切缝外壳时，在孔壁产生的环向拉应力峰值为

$$\sigma_{\varphi\max}^{d} = P_{d}\left(\frac{r_{b}}{\delta + r_{b}}\right)^{2-\frac{\mu}{1-\mu}} \tag{7-5}$$

式中，P_{d} 为爆破作用在孔壁上的初始径向应力；r_{b} 为切缝外壳的内半径；μ 为岩石的泊松比；δ 为切缝外壳的厚度。

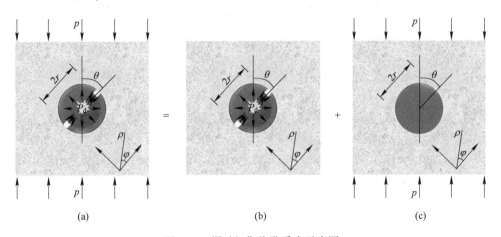

图 7-11 爆破初期炮孔受力示意图

可见，由于切缝外壳的存在，作用于孔壁的应力波峰值被显著削弱，且外壳越厚，泊松比越大，作用在孔壁的应力波峰值就越小，对岩体的保护效果越好。

而在切缝方向处，切缝外壳厚度 $\delta = 0$，此时，此处的环向拉应力为炮孔壁上最大值，为

$$\sigma_\varphi^d = P_d \tag{7-6}$$

深部岩体圆形炮孔还承受地应力作用，假设地应力的最大主应力为 p，如图7-11(c) 所示，则炮孔壁上的环向应力表达式为

$$\sigma_\varphi^s \big|_{\rho = r} = -p(1 - 2\cos 2\varphi) \tag{7-7}$$

式中，r 为炮孔半径。

根据叠加原理，深部岩体圆形炮孔在爆炸和地应力的组合作用下，切缝方向的孔壁上的环向应力可表示为

$$\sigma_\varphi \big|_{\rho = r} = P_d - p(1 - 2\cos 2\varphi) \tag{7-8}$$

可见，当 φ 等于 0°、90°、45°时，环形应力分别为

$$\begin{cases} \sigma_\varphi \big|_{\varphi = 0°} = P_d + p \\ \sigma_\varphi \big|_{\varphi = 90°} = P_d - 3p \\ \sigma_\varphi \big|_{\varphi = 45°} = P_d - p \end{cases} \tag{7-9}$$

由式 (7-9) 可知，切缝方向与最大主应力方向一致时，切缝处产生最大拉伸应力，裂纹优先出现；切缝方向与最大主应力方向垂直时，由于地应力的作用，减弱了切缝方向的控制作用，甚至当 p 足够大，达到 1/3 爆炸压力时，将不出现切缝定向效果。

7.4.2　切缝药包裂纹扩展阶段

初始裂纹形成后，在爆生气体准静态作用下，裂纹继续扩展。爆生气体作用力可简化等效为 σ_d 的线性应力荷载，设裂纹倾角为 θ，如图 7-12 (b) 所示。根据应力强度因子手册[6]，裂纹扩展中尖端动态应力强度因子为：

$$\begin{cases} K_{\mathrm{I}}^d = \sigma_d F \sqrt{\pi(r + a)} \\ K_{\mathrm{II}}^d = 0 \end{cases} \tag{7-10}$$

式中，σ_d 为裂纹上受到的等效线性荷载；a 为裂纹扩展长度；r 为炮孔半径；F 为应力强度因子修正系数，取值见文献[7]。

当有地应力存在时，仍假设最大主应力为 p，如图 7-12(c)所示，地应力在裂纹尖端产生的应力集中为

$$\begin{cases} K_{\mathrm{I}}^s = -\sigma_\theta \sqrt{\pi(r + a)} - p\sin^2\theta \sqrt{\pi(r + a)} \\ K_{\mathrm{II}}^s = -\tau_\theta \sqrt{\pi(r + a)} - p\sin\theta\cos\theta \sqrt{\pi(r + a)} \end{cases} \tag{7-11}$$

式中，K_{I}^s、K_{II}^s 分别为 I、II 型静态应力强度因子；θ 为裂纹切缝与主应力方向的夹角。

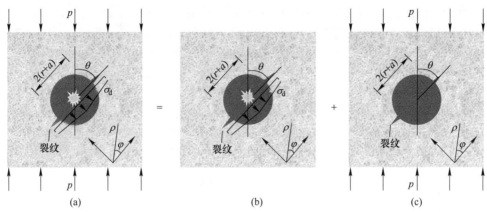

(a)   (b)   (c)

图 7-12 裂纹扩展阶段炮孔受力示意图

在组合载荷作用下，裂纹尖端的应力强度因子满足叠加原理，可表示为

$$\begin{cases} K_{\mathrm{I}} = K_{\mathrm{I}}^{\mathrm{d}} + K_{\mathrm{I}}^{\mathrm{s}} = \sigma_{\mathrm{d}} F \sqrt{\pi(r+a)} \\ K_{\mathrm{II}} = K_{\mathrm{II}}^{\mathrm{s}} = -p\sin\theta\cos\theta \sqrt{\pi(r+a)} \end{cases} \tag{7-12}$$

可见，仅在 σ_{d} 作用下时，裂纹为 I 型裂纹；当仅有地应力 p 作用时，裂纹为 II 型。爆生气体和地应力组合作用时，裂纹为 I - II 复合型，其尖端应力场为

$$\begin{cases} \sigma_{\rho} = \dfrac{\sqrt{r+a}}{2\sqrt{2\pi\rho}} \Big[\sigma_{\mathrm{d}} F(3-\cos\varphi)\cos\dfrac{\varphi}{2} - p\sin\theta\cos\theta(3\cos\varphi-1)\sin\dfrac{\varphi}{2} \Big] - p\cos2\theta\cos^2\varphi \\[3mm] \sigma_{\varphi} = \dfrac{\sqrt{r+a}}{\sqrt{2\pi\rho}}\cos\dfrac{\varphi}{2}\Big(\sigma_{\mathrm{d}} F\cos^2\dfrac{\varphi}{2} + \dfrac{3}{2}p\sin\theta\cos\theta\sin\varphi \Big) - p\cos2\theta\sin^2\varphi \\[3mm] \tau_{\rho\varphi} = \dfrac{\sqrt{r+a}}{2\sqrt{2\pi\rho}}\cos\dfrac{\varphi}{2}\big[\sigma_{\mathrm{d}} F\sin\varphi - p\sin\theta\cos\theta(3\cos\varphi-1) \big] + p\cos2\theta\sin\varphi\cos\varphi \end{cases}$$

$$\tag{7-13}$$

根据最大环向拉应力断裂准则[8]，得到

$$\frac{3}{2}\sigma_{\mathrm{d}} F \cos^2\frac{\varphi}{2}\sin\frac{\varphi}{2} = \frac{3}{4}p\sin\theta\cos\theta\Big(2\cos\frac{\varphi}{2}\cos\varphi - \sin\frac{\varphi}{2}\sin\varphi \Big) + p\cos2\theta\sin2\varphi \tag{7-14}$$

可知，当 $\sigma_{\mathrm{d}} = 0$ 时，$\varphi = 70.5°$，表示当只有静态压应力场存在时，为纯 II 型破坏；当 $p = 0$ 时，$\varphi = 0°$，表示仅有动态荷载 σ_{d} 时，为纯 I 型破坏。当 σ_{d} 和 p 均不为零时，裂纹沿 $\varphi(0° < \varphi < 70.5°)$ 扩展。

7.5 深部岩体切缝药包爆破试验

7.5.1 试验方案

深部岩体切缝药包爆破试验采用本书第 2 章介绍的新型数字激光动态焦散线

试验系统和自主设计的用于模拟深部岩石爆破致裂的动静组合加载系统。试验材料选用PMMA（有机玻璃板），试件几何尺寸为315mm×285mm×8mm，炮孔直径6mm，位于试件中央，采用激光精确加工。切缝药包外径 $R1$ 为6mm，内径 $R2$ 为4mm，切缝宽度1mm，PVC管加工而成。炸药为叠氮化铅，装药量180mg。

共设计三组试验方案即P1、P2、P3，改变切缝方向与主应力方向夹角 θ，其中P1(θ =90°)、P2(θ =45°)、P3(θ =0°)。相同装药量，对每组试验分别施加单轴竖向载荷0MPa、3MPa、6MPa，具体试验参数和编号见表7-2。如图7-13所示为试件模型示意图，其中 θ 为切缝方向与主应力方向夹角。

表7-2　试件和试验参数

试件编号	尺寸 /mm×mm×mm	炮孔直径 /mm	切缝药包内、外直径/mm	切缝与主应力方向夹角/(°)	装药量/mg	竖向静态载荷/MPa
P1-1	315×285×8	6	4/6	90	180	0
P1-2	315×285×8	6	4/6	90	180	3
P1-3	315×285×8	6	4/6	90	180	6
P2-1	315×285×8	6	4/6	45	180	0
P2-2	315×285×8	6	4/6	45	180	3
P2-3	315×285×8	6	4/6	45	180	6
P3-1	315×285×8	6	4/6	0	180	0
P3-2	315×285×8	6	4/6	0	180	3
P3-3	315×285×8	6	4/6	0	180	6

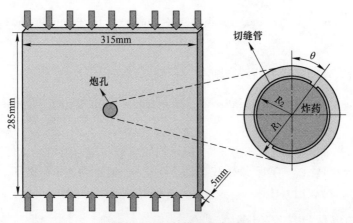

图7-13　试件模型示意图

采用高速摄影机记录试验信息，设置拍摄时间间隔为10μs。对比分析三组试验方案中不同切缝角度下爆生裂纹的扩展长度、偏转角度、扩展速度和裂纹尖端应力强度因子随时间的变化规律，探究深部岩体爆生裂纹扩展行为特征。

7.5.2 试件破坏形态

图 7-14 所示给出爆破后试件照片。为了更清楚地表征出切缝方向爆生裂纹扩展情况，本试验截取了切缝方向爆生裂纹局部图片。当缝隙方向与初始压应力之间的夹角为 90°时，如图 7-14（a）所示，试样 P1-1、P1-2 和 P1-3 的裂纹扩

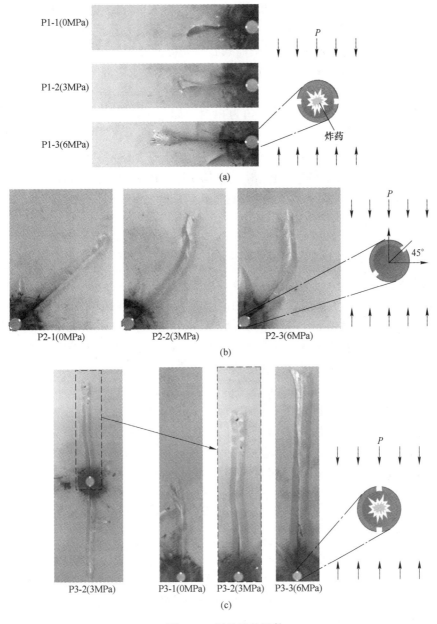

图 7-14　爆破后的试件

展长度分别为 44mm、37mm 和 31mm，裂纹扩展时间分别为 119.7μs、106.4μs 和 93.1μs（来自焦散线照片数据）。由数据可知，随着压应力的增大，裂纹的扩展长度和扩展时间均变小。结果表明，随着竖向荷载增加，切缝方向爆破能量受抑制，切缝管护壁作用及定向效果变差，控制爆破效果变差。此时初始压应力场的存在对裂纹扩展起阻碍作用。

当缝隙方向与初始压应力夹角为 45°时，如图 7-14（b）所示，P2-1 试件在爆炸载荷作用下裂纹扩展路径相对平直。在爆炸荷载和压应力的共同作用下，P2-2 和 P2-3 试件的裂纹扩展路径呈曲线状，切缝方向的裂纹向竖直压应力方向发生偏转，最终平行于压应力方向。显然，试件 P2-2 比试件 P2-3 的偏转趋势较缓慢。结果表明，裂纹向初始压应力方向发生偏转，不存在定向断裂效果。

当缝隙方向与初始压应力的夹角为 0°时，如图 7-14（c）所示，试件 P3-1、P3-2 和 P3-3 沿切缝方向的裂纹扩展长度分别为 47mm、91mm 和 101mm，裂纹扩展时间分别为 119.7μs、226.1μs 和 266μs。初始压应力越大，裂纹扩展长度和时间越长。并且裂纹扩展路径平直光滑，基本不发生偏转，因此当缝隙方向与初始压应力方向平行时，初始压应力对裂纹扩展有显著的促进作用。

7.5.3 裂纹扩展行为

由焦散线的图片可知，在切缝方向产生运动裂纹。裂纹尖端产生应力集中，形成焦散斑。在爆炸载荷的作用下，爆炸产生的爆生气体主要从切缝方向释放，促进裂纹的扩展。由于爆生气体能量的消散，试件达不到断裂韧度，裂纹停止运动。当运动裂纹垂直或平行静态应力方向时，裂纹尖端的焦散斑主要为 I 型破坏形态。当运动裂纹方向与静态应力之间的夹角为锐角时，裂纹尖端的焦散斑主要为 II 型，另外，静态应力越大，II 型越明显。

图 7-15 以试件 P3-3 为例，给出不同时刻的焦散线照片。将爆炸产生的前一张照片定义为 $t = 0μs$，根据相机的帧率计算出在切缝方向运动裂纹的扩展时间。需要注意的是，在图 7-16 中，由于夹具堵塞，无法记录裂纹萌生和扩展过程的早期阶段，因此该图的横坐标不是从 $t = 0μs$ 开始的。根据焦散线计算方法得到裂纹扩展长度和裂纹扩展速度并绘制曲线图。

当缝隙方向与初始压应力夹角为 90°时，试样 P1 的裂纹扩展速度随时间的变化曲线如图 7-16 所示，一般情况下，裂纹扩展速度随压应力的增大而减小。在爆炸初期，试样 P1-1、P1-2 和 P1-3 在 26.6μs 的裂纹扩展速度分别为 495m/s、282m/s 和 228m/s。爆破能量的衰减和裂隙管的变形，使裂纹扩展速度波动较大，有衰减的趋势。另外，在初始压应力场作用下，试样 P1-1 的裂纹扩展速度大于试样 P1-2 和 P1-3。这一发现表明，初始压应力场的存在阻碍了主裂纹在缝隙方向的扩展，且初始压应力越大，影响越显著。

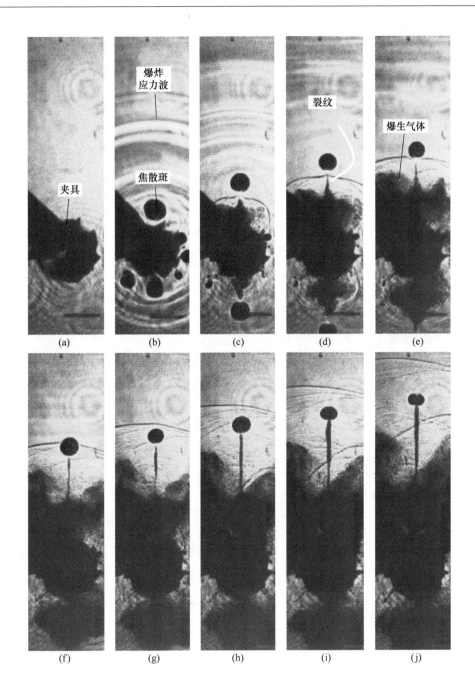

图 7-15 P1-1 试件破坏过程动态焦散照片

(a) 0μs；（b）26.6μs；（c）39.9μs；（d）53.2μs；（e）66.5μs；（f）79.8μs；

（g）93.1μs；（h）106.4μs；（i）119.7μs；（j）133μs

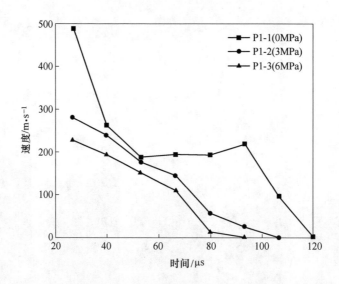

图 7-16　P1 组试件裂纹扩展速度-时间曲线

　　为了更好地描述 45°斜裂纹扩展的偏转情况，将初始压应力方向定义为 y 轴，将与初始压应力垂直的方向定义为 x 轴。水平位移（U_x）和垂直位移（U_y）分别由焦散照片的位置坐标计算。水平速度 v_x 和垂直速度 v_y 分别由裂缝水平位移 U_x 和垂直位移 U_y 对时间求导得出。

　　P2 组试件在 X 和 Y 方向的裂纹扩展长度和速度随时间的变化曲线如图 7-17 和图 7-18 所示。当缝隙方向与初始压应力夹角为 45°时，试件 P2-1、P2-2 和 P2-3 的 X 方向主裂纹长度分别为 45.4mm、24.6mm 和 10.2mm，Y 方向的主裂纹

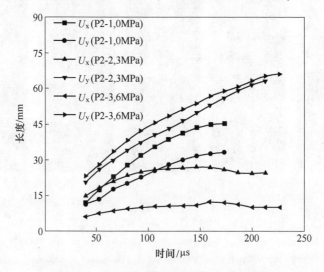

图 7-17　P2 组试件裂纹扩展长度-时间曲线

扩展长度分别为 33.0mm、63.1mm 和 67.2mm。可以看出，随着初始压应力的增加，裂纹在 X 方向上减小，在 Y 方向上增加。在裂纹扩展早期阶段，在三组试件中，P2-1 试件的水平速度 v_x 最大，P2-3 试件的水平速度 v_x 最小。而 P2-3 试件的竖直速度 v_y 最大，P2-1 试件的竖直速度 v_y 最小。上述分析表明，当缝隙与初始压应力成一定角度时，初始压应力的存在改变了裂纹扩展方向，使裂纹扩展向初始压应力方向发生偏转。且初始压应力越大，偏转越明显。

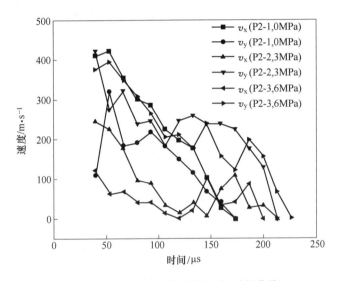

图 7-18　P2 组试件裂纹扩展速度-时间曲线

当缝隙方向与初始压应力成 0° 夹角时，试件 P3 的裂纹扩展速度随时间的变化曲线如图 7-19 所示，总体上，试件 P3-1 的裂纹扩展速度低于试件 P3-2 和 P3-3。然而，试件 P3-2 的裂纹扩展速度与试件 P3-3 基本相同。结果表明，裂纹扩展速度随压应力的增大而增大，但裂纹扩展速率的增加量随压应力的增大而减小。

7.5.4　应力强度因子

测量图 7-15 中不同时刻焦散斑直径，计算应力强度因子的值，绘制出对应裂纹尖端应力强度因子与时间的关系图。

图 7-20（a）显示了切缝方向与初始压应力方向夹角为 90° 时的应力强度因子与时间的关系。由图可知，三种试件的趋势基本相同。三组试件的应力强度因子峰值出现在裂纹萌生的初始阶段，分别为 1.74MPa·m$^{1/2}$、1.21MPa·m$^{1/2}$ 和 1.01MPa·m$^{1/2}$。此后，试样 P1-1、P1-2 和 P1-3 的应力强度因子随着裂纹尖端能量的耗散而继续减小，直到裂纹止裂。分析表明，当切缝方向垂直于初始压应

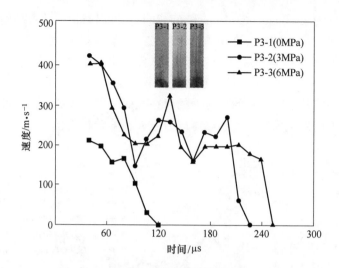

图 7-19   P3 组试件裂纹扩展速度-时间曲线

力时，初始压应力越大，裂纹尖端的应力集中程度越小，即初始压应力降低了切缝方向裂纹尖端的应力集中程度。

图 7-20（b）所示，当切缝方向与初始压应力夹角为 45°时，三组试件的裂纹尖端应力强度因子随着裂纹扩展能量的耗散而减弱。后期在反射应力波作用下，出现先增大后减小的波动变化趋势。然后，该应力强度因子值会减小，直到裂纹止裂为止。总体而言，这三组试件的应力强度因子变化趋势大致相同。结果表明，初始压应力对裂纹尖端应力集中的影响不大。结合各试件的焦散系列照片，说明初始应力场改变了裂纹扩展模式，由 I 型破坏变为 I-II 复合型破坏，且随着应力增大，剪切型断裂明显。

从图 7-20（c）中可以看出，切缝方向与主应力方向呈 0°时，除试件 P3-1 提前止裂，3 组试件的应力强度因子变化趋势趋于一致。3 组试件在起裂初期 K_I^d 达到峰值，分别为 1.99MPa·m$^{1/2}$、2.49MPa·m$^{1/2}$ 和 3.75MPa·m$^{1/2}$，此后，试件 P3-1 的 K_I^d 不断减小直至止裂。试件 P3-2 和 P3-3 的 K_I^d 呈现减小增大交替震荡变化的趋势，随后不断减小直至止裂。经以上分析可发现，切缝与初始压应力场平行时，未施加初始压应力场试件的 K_I^d 整体上要小，初始压应力场增加了裂纹尖端应力集中，且压应力场越大，应力集中现象越明显，相应的动态应力强度因子越大。

综上分析可得，对于深部岩体的切缝药包爆破，当切缝方向与初始应力场方向垂直时，初始压应力场的存在阻碍了切缝方向裂纹的扩展，且压应力场越大，阻碍效果越明显；初始压应力场降低了切缝方向裂纹尖端应力集中。此时，深部岩体中进行定向断裂爆破效果变差。

　　当切缝方向与初始应力场方向倾斜时，初始应力场改变了裂纹扩展方向，由Ⅰ型破坏变为混合型破坏，且随着应力越大，爆生主裂纹的扩展方向逐渐向主应力方向偏转，剪切型断裂越明显；同时，改变了定向爆破中裂纹的设计方向，裂纹沿最大主应力方向扩展。此时，深部岩体中进行定向断裂爆破，不能很好地达到预期效果。

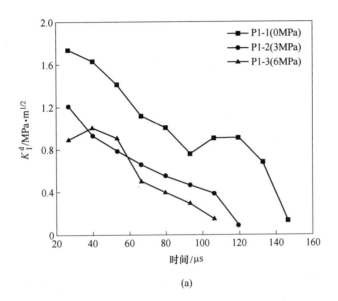

(a)

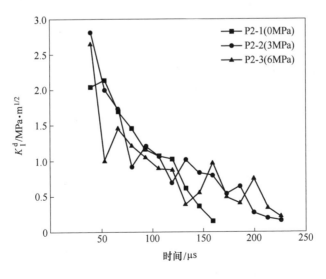

(b)

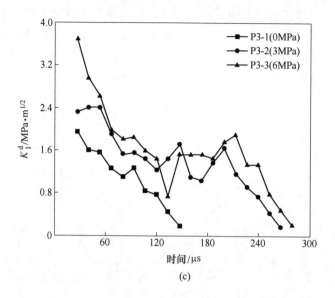

图 7-20　裂纹尖端动态应力强度因子-时间曲线

(a) P1 组试件；(b) P2 组试件；(c) P3 组试件

当切缝方向与初始应力场方向平行时，初始应力场提高了裂纹尖端应力集中，促进了裂纹的扩展，且应力越大，促进效应越明显，但不改变爆生裂纹的扩展方向。此时，在深部岩体中进行定向断裂爆破，为达到预期效果，可减少装药量。

参 考 文 献

［1］杨仁树，杨国梁，高祥涛. 定向断裂控制爆破［M］. 北京：科学出版社，2017.

［2］杜云贵，张志呈，李通林. 切槽爆破中 V 形切槽产生的力学效应研究［J］. 爆炸与冲击，1991（1）：26-30.

［3］阳友奎，邱贤德，张志呈. 切槽爆破中切槽的导向机理［J］. 重庆大学学报（自然科学版），1990（5）：68-74.

［4］Fourney W L, Dally J W, Holloway D C. Controlled blasting with ligamented charge holders［J］. International Journal of Rock Mechanics & Mining Sciences & Geomechanics Abstracts, 1978, 15（3）：121-129.

［5］王文龙. 钻眼爆破［M］. 北京：煤炭工业出版社，1984.

［6］中国航空研究院. 应力强度因子手册［M］. 北京：科学出版社，1981.

［7］吴丙权. 切缝药包控制爆破初始裂缝形成及应用研究［D］. 西安：西安科技大学，2014.

［8］范天佑. 断裂力学基础［M］. 南京：江苏科学技术出版社，1978.

8 受拉岩体的爆破断裂问题研究

8.1 概述

众所周知，岩石是脆性材料，抗拉强度仅为抗压强度的几分之一甚至几十分之一，拉伸荷载更容易导致岩体破坏。事实上，任何岩体的破坏均与内部拉应力作用有关。在实际工程结构中存在拉应力区，如边坡和地下工程的开挖卸荷区，在这些区域很小的拉应力就会导致内部裂隙的扩展、贯通，进而削弱岩体强度，可见在拉应力作用下裂隙的扩展演化对围岩稳定和工程安全具有重要影响。上述第3~7章都是对深部受压缩应力岩体爆破致裂问题的研究，本章首次对受拉岩体的爆破问题进行了研究。

地下矿山开采会遇到褶皱地层，部分岩体会出现拉应力区和压应力区，尤其在采场和巷道顶板会产生拉伸应力区，而顶板的破坏过程与拉应力集中有着密切关系。胡夏嵩、赵法锁[1]以西北某水利地下工程泄洪洞为背景，运用有限元方法对洞室围岩开挖后的拱顶拉应力区进行了数值模拟研究，对地下硐室开挖后的拱顶部位的拉应力分布情况进行了分析。赵康、赵奎[2]针对采用数值模拟的方法分析了采空区覆岩的变形情况。伍小林等人[3]通过FLAC模拟了含有圆孔的圆形颗粒体试件在单向压缩下的力学过程，研究发现在孔洞顶部、底部存在拉应力区。在我国一些煤矿开采中会遇到不易垮落的坚硬岩层顶板，其特点是顶板厚度相对较大，整体强度和整体性都较好，不易垮落，俗称悬顶。这部分悬顶在自身重力作用下，岩层内将产生拉伸应力，一旦拉伸应力超过岩体抗拉强度，顶板将发生突然断裂和垮落，造成采煤支架压死，并导致飓风甚至人员伤亡、设备损害等事故。因此，为了保障采煤工作面的安全，实现对顶板坚硬岩体垮落的控制，避免大面积悬顶造成的安全隐患，常采用爆破强制放顶方法。根据悬臂梁理论，未垮落的大面积悬顶的下层岩体将受拉应力作用。因此，当采用爆破方法时，部分悬顶岩体将承受爆炸载荷和拉应力的耦合作用。可见，在某些特定的情况下，开挖和卸载带来的应力重分布使岩体或土工建筑中产生拉应力区，探索裂纹在拉应力区的扩展规律具有重要意义。另外，根据相对论观点，一个绝对值不大的拉应力相对岩体的抗拉强度来说，就属于高应力问题了。所以，本书中的高应力岩体既包括受高压缩应力岩体，又包括受拉伸应力岩体。

本章采用焦散线试验，首先对受拉岩体进行爆破试验，分析受拉岩体中爆生裂纹的分布和扩展特征，揭示拉应力对岩体爆破的断裂力学影响机理，进而对定向断裂控制爆破在受拉岩体中的适用性进行试验探讨。

8.2 受拉岩体中单炮孔爆破试验

8.2.1 试验设计

试验采用本书第二章介绍的新型数字激光动态焦散线试验系统和动静组合加载系统（MTS 试验机）。选用 PMMA 作为模型试验材料，试件的尺寸为 320mm×300mm×5mm。在试件模型中间设置直径 $d=6$mm 的圆孔，根据初始应力 p 的值不同，试样分为 M1-0（$p=0$MPa）、M1-1（$p=2.5$MPa）、M1-2（$p=5$MPa）和 M1-3（$p=10$MPa）。

8.2.2 炮孔周围应力分析

假设被爆介质为无限大板，大板中心有一个半径为 r 的圆孔，在圆孔内部施加等效爆炸应力 σ_d，并且在板的竖直方向有初始均布拉力 p 的作用，如图 8-1 （a）所示。

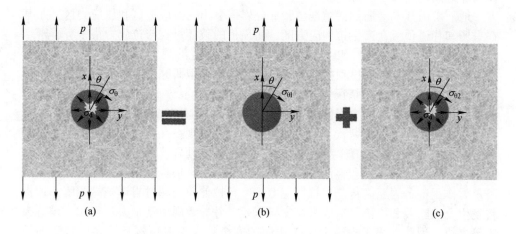

图 8-1　叠加应力场中圆形炮孔的示意图

在初始拉力 p 作用下，见图 8-1（b），圆孔内壁环向应力可表示为：

$$\sigma_{\theta 1} = p(1 - 2\cos 2\theta) \tag{8-1}$$

式中，$\sigma_{\theta 1}$ 为仅在初始拉应力 p 作用下的孔壁环向应力；θ 为极坐标系中的环向坐标。

在爆破应力 σ_d 作用下，图 8-1（c），圆孔内壁环向应力可表示为

$$\sigma_{\theta 2} = \sigma_d \tag{8-2}$$

其中，$\sigma_{\theta 2}$ 为仅在爆破应力 σ_d 作用下的孔壁环向应力。

　　根据线性弹性力学中的叠加原理，试件在初始拉力 p 和爆破应力 σ_d 共同作用下，圆孔内壁环向应力可表示为

$$\sigma_\theta = \sigma_{\theta 1} + \sigma_{\theta 2} = p(1 - 2\cos 2\theta) + \sigma_d \qquad (8\text{-}3)$$

式中，σ_θ 为组合应力场作用下的孔壁环向应力。

　　由于试件轴对称，绘制 $\theta \in [0, \pi]$ 的动静组合应力场作用下圆孔内壁环向应力图。如图 8-2 所示，当 $\theta = 90°$，圆孔内壁环向应力 σ_θ 出现最大值。所以，在初始拉应力 p 和爆破应力 σ_d 共同作用下，此处圆孔内壁最容易产生破坏。

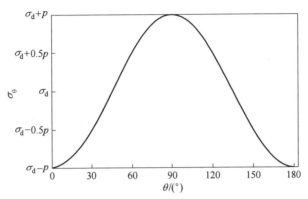

图 8-2　叠加应力场中圆形炮孔的示意图

试验得到了拉伸载荷下圆孔周围的焦散线图像，如图 8-3 所示。可以看出，

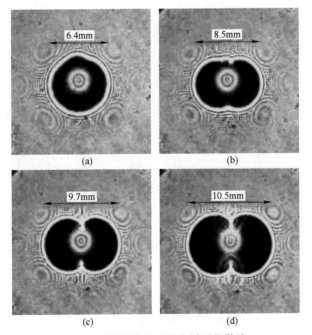

(a)　　　　　　　　　(b)

(c)　　　　　　　　　(d)

图 8-3　拉伸荷载下圆孔周围焦散线

（a）$p = 1\text{MPa}$；（b）$p = 3\text{MPa}$；（c）$p = 6\text{MPa}$；（d）$p = 9\text{MPa}$

在竖向拉伸荷载作用下圆孔周围产生了明显的应力集中区，形成哑铃状的焦散斑，在孔壁的左右端产生了较强的拉应力集中区。随着拉伸荷载增大，焦散斑变大，说明圆孔的应力集中程度逐渐变强。对不同荷载下的哑铃状焦散斑的特征长度 D 进行测量记录，并与焦散线理论公式（4-1）算出的结果进行比较，见表 8-1。可以看出，试验结果与理论结果虽然有一定的误差，但基本上反映了圆孔的应力集中程度变化情况。

表 8-1　圆孔周围静态焦散线结果

D/mm \ p/MPa	1	3	6	9
理论结果	6.2	8.3	9.8	10.9
试验结果	6.4	8.5	9.7	10.5

8.2.3　试件破坏形态

如图 8-4 所示为 M1 组试件爆炸后的照片。4 个试件产生的爆生裂纹的数量大致相同。随着拉应力 p 增大，炮孔近区破碎程度增强，炮孔中远区主裂纹的扩展长度和分布特征不同。试件 M1-0 是由单一的爆炸应力作用引起的裂纹扩展。主裂纹扩展长度较短，且裂纹分布较均匀。在爆破荷载作用下，在炮孔近区产生

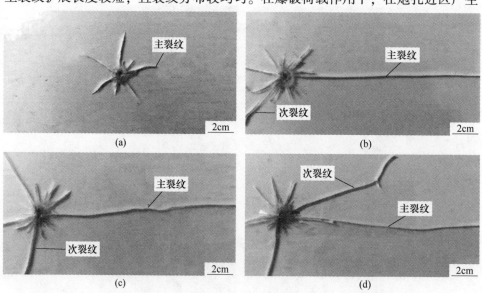

图 8-4　拉伸荷载下圆孔周围焦散线

（a）M1-0（$p=0$ MPa）；（b）M1-1（$p=2.5$ MPa）；（c）M1-2（$p=5$ MPa）；（d）M1-3（$p=10$ MPa）

许多细小裂纹；在炮孔中远区内，形成扩展较长的主裂纹，呈米字型。这主要是爆生气体的高压射流作用于孔壁，加大了裂纹的拉应力，驱动裂纹扩展。同时，爆炸应力波在裂纹尖端发生反射和绕射，加剧裂纹尖端的拉应力集中，驱动裂纹扩展。

试件 M1-1、M1-2、M1-3 在最大拉应力方向产生贯穿试件的最长主裂纹，且远大于试件 M1-0 的裂纹扩展长度。表明初始拉应力 p 增大，裂纹的扩展长度也增加。次生裂纹也主要分布在炮孔左右两侧，随初始拉应力 p 增大，依次增长。试件 M1-1、M1-2、M1-3 受拉伸荷载和爆破荷载的双重作用。在初始拉应力的作用下，圆孔周围会发生应力集中，沿孔壁左右两侧会产生较大的拉应力区，炮孔上下会产生压应力。然后，施加爆炸应力，在初始拉应力和爆炸应力的共同作用下，裂纹会优先向最大拉应力区扩展，且在最大拉应力方向产生最长的主裂纹，即初始拉应力改变了爆生裂纹的分布特征。

如图 8-5 所示为高速相机拍摄的试件 M1-3 爆炸破坏过程。可以看到试件 M1-3 爆破后，首先在水平方向开始出现焦散斑，然后在爆破应力波和爆生气体作用下焦散斑近似直线扩展，裂纹从开始到贯穿过程中焦散斑大小无太大变化，形状基本为 I 型。对于试件 M1-0、M1-1 和 M1-2，主裂纹在扩展过程中焦散斑形状均为 I 型，扩展路径也较为平直。但试件 M1-0 从起裂到止裂过程中焦散斑不断变小，试件 M1-1 和试件 M1-2 焦散斑在扩展过程中呈现出先减小再增大的趋势。试件 M1-0 仅在爆炸荷载作用下，随着裂纹扩展裂纹尖端能量逐渐减少，应力集中程度逐渐降低，散斑直径减小，而 M1-1、M1-2 是裂纹扩展前期受到爆炸荷载主要作用，散斑直径减小，后期受到初始拉应力与反射波作用下散斑直径又出现增大。

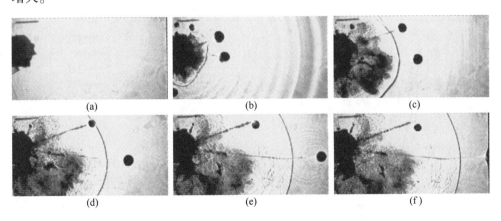

图 8-5　试件 M1-3 的焦散线图片

(a) 0μs；(b) 60μs；(c) 120μs；(d) 180μs；(e) 240μs；(f) 260μs

8.2.4 裂纹扩展行为

如图 8-6 所示可以看出，无初始拉伸荷载下试件起爆后裂纹的扩展位移长度均小于有初始拉伸荷载下的裂纹扩展位移长度，表明初始拉伸荷载能够增加爆生裂纹的扩展长度，且随着拉应力增大，主裂纹的位移扩展过程连续性加强，这是由于拉伸荷载与爆炸荷载处于较为接近的数量级。由图 8-7 也可以看出，随着初始拉伸荷载的增加，主裂纹的扩展速度也逐渐增大，说明初始拉应力促进了裂纹的扩展速度。

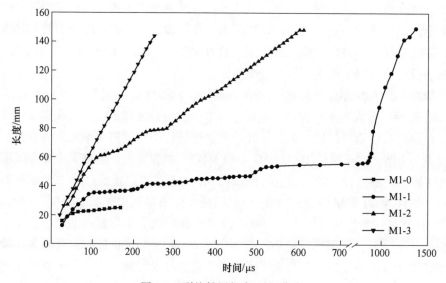

图 8-6　裂纹扩展长度-时间曲线

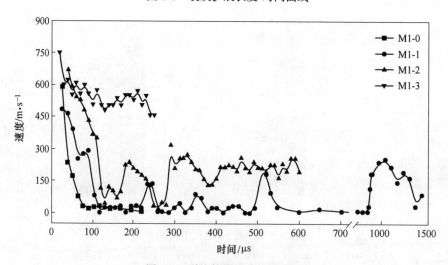

图 8-7　裂纹扩展速度-时间曲线

8.2.5 应力强度因子

由图 8-8 裂纹尖端的应力强度因子与时间曲线可知，试件 M1-0 试件应力强度因子峰值最低，试件 M1-0 到试件 M1-3 应力强度因子曲线依次升高。表明初始拉应力越大，爆生主裂纹尖端产生应力集中程度越大，裂纹越容易起裂和扩展。从试件 M1-0 到试件 M1-3 应力强度因子分别在 26μs，39μs，60μs，110μs 达到最大峰值，分别为 $1.18\text{MPa}\cdot\text{m}^{1/2}$，$1.96\text{MPa}\cdot\text{m}^{1/2}$，$2.39\text{MPa}\cdot\text{m}^{1/2}$，$2.67\text{MPa}\cdot\text{m}^{1/2}$。可见，试件 M1-0 到试件 M1-3 达到最大峰值的时间依次增长，表明初始拉应力能够减缓应力强度因子达到最大峰值的时间。并且初始拉应力越大，应力强度因子衰减得越快。

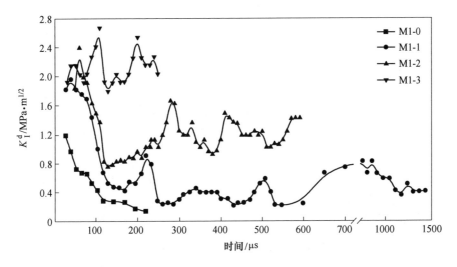

图 8-8　裂纹尖端动态应力强度因子-时间曲线

8.3　受拉岩体中爆生裂纹扩展行为

8.3.1　试验过程

为了更进一步揭示爆生裂纹的普适扩展规律，在试件中心预制初始裂纹代表普通的爆生裂纹，研究爆炸载荷和初始压应力耦合作用下爆生裂纹的起裂和扩展问题。试验采用本书第 2 章介绍的新型数字激光动态焦散线试验系统和动静组合加载系统（MTS 试验机）。选用 PMMA 作为模型试验材料，试件的尺寸为 320mm×300mm×5mm。试验分为两组 M2 和 M3，其中 M2 组主要用于研究具有 45°倾斜预制裂纹的试件在不同静态拉应力下的爆生裂纹扩展行为，试件模型如图 8-9（a）所示，中心有长为 50mm 倾角为 45°的预制斜裂纹，裂纹中间有直径

$d=6$mm 的圆孔。由于动静荷载不同，试件编号分别为 M2-0（$\sigma_d = 0$MPa，$p \neq$ 0MPa）、M2-1（$\sigma_d \neq 0$MPa，$p = 0$MPa）、M2-2（$\sigma_d \neq 0$MPa，$p = 3$MPa）。M3 组研究同一应力场中不同角度预裂纹试件的爆生主裂纹扩展规律，试验模型如图 8-9（b）所示，中心有长为 50mm 预制裂纹，裂纹与初始拉应力角度分别为 90°、45° 和 0° 三组，中间有直径 $d=6$mm 的圆孔。初始拉应力（$p = 3$MPa）相同，由于预制裂纹角度不同，试件编号分别为 M3-0（$\theta = 90°$）、M3-1（$\theta = 45°$）、M3-2（$\theta = 0°$）。

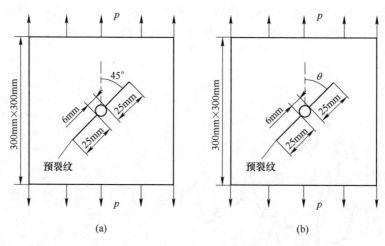

(a)   (b)

图 8-9   试件 M2 和 M3 示意图

8.3.2   裂纹的力学模型

长度为 $2a$ 的裂纹，板的竖直方向作用均布拉应力 p，裂纹面上作用爆生气体压力 σ_g。为了简化爆破模型，将爆生气体压力 σ_g 等效为准静态应力（线性应力荷载）作用与裂纹面，如图 8-10（a）所示。

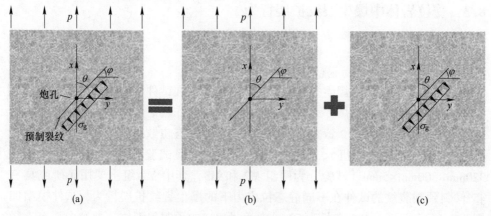

(a)   (b)   (c)

图 8-10   叠加应力场中预裂纹示意图

在初始拉应力 p 作用下，如图 8-10（b）所示，裂纹尖端的应力强度因子可表示为：

$$\begin{cases} K_{\mathrm{I}} = \sigma_\theta \sqrt{\pi a} = p\sqrt{\pi a}\sin^2\theta \\ K_{\mathrm{II}} = \tau_\theta \sqrt{\pi a} = p\sqrt{\pi a}\sin\theta\cos\theta \end{cases} \tag{8-4}$$

式中，K_{I} 表示 I 型应力强度因子；K_{II} 表示 II 型应力强度因子。

在等效的动态应力 σ_{g}（线性应力荷载）作用下，如图 8-10（c）所示。根据《应力强度因子手册》[4]，裂纹尖端产生动态应力强度因子为

$$\begin{cases} K_{\mathrm{I}}^{\mathrm{d}} = \sigma_{\mathrm{g}}\sqrt{\pi a} \\ K_{\mathrm{II}}^{\mathrm{d}} = 0 \end{cases} \tag{8-5}$$

根据弹性断裂力学可知，裂纹尖端的应力场可以通过各荷载单独作用下线性叠加而求得。通过叠加式（8-4）和式（8-5）的应力强度因子并根据 MTS 起裂准则，可得出动静组合应力场下的起裂准则为

$$\left(p\sqrt{\pi a}\sin^2\theta + \sigma_{\mathrm{g}}\sqrt{\pi a}\right)\sin\varphi + p\sqrt{\pi a}\sin\theta\cos\theta(3\cos\varphi - 1) = 0 \tag{8-6}$$

式中，φ 为裂纹起裂角。

令 $n = \dfrac{\sigma_{\mathrm{g}}}{p}$，可得

$$(\sin^2\theta + n)\sin\varphi + \sin\theta\cos\theta(3\cos\varphi - 1) = 0 \tag{8-7}$$

绘制裂纹起裂角 φ 与裂纹倾角 θ 的关系图。如图 8-11 所示，当裂纹倾角 θ 一定时，n 越大，裂纹起裂角 φ 值越小。说明爆生气体压力和初始拉应力的比值影响着裂纹的偏转角度。

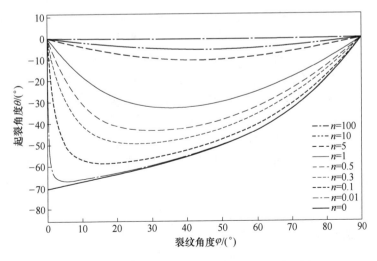

图 8-11　裂纹起裂角 φ 与裂纹倾角 θ 的关系图

8.3.3　拉应力大小对爆生裂纹动力学行为影响

8.3.3.1　试件破坏形态

如图 8-12（a）所示为试件 M2-0 在仅施加初始拉应力 p 下的破坏形态，当荷载 $p=6.5\mathrm{MPa}$ 时，预制裂纹尖端在剪切力的作用下沿 $\varphi=53°$ 方向起裂，与本书第8.3.1 节中图 8-11 理论结果几乎一致。如图 8-12（b）、（c）所示为试件 M2-1 和 M2-2 爆破后的形态。从爆炸后的裂纹分布来看，炮孔周围是裂隙区，有较多细小的裂纹，是由爆炸应力波和爆生气体双重作用的结果。预制裂纹的尖端产生一条较长的爆生主裂纹和较短的次裂纹，裂纹基本对称分布。本试验主要以右上方的爆生主裂纹为研究对象。首先看试件 M2-1，爆生主裂纹沿着原裂纹方向直线扩展，说明仅在爆炸应力作用下，裂纹扩展主要是 I 型扩展。试件 M2-2 爆生主裂纹初期先沿原裂纹方向直线扩展，然后顺时针向下 33°扩展，最后顺时针向下 47°扩展到试件边界。通过比较两组试件的裂纹扩展路径可知，试件 M2-2 爆生主裂纹顺时针向下产生较大偏转，说明在初始拉应力 p 作用下，爆生主裂纹向垂直于拉应力方向发生偏转。

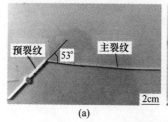 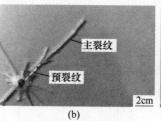 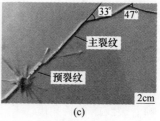

图 8-12　M2 组炮孔周围裂缝分布形式

（a）M2-0；（b）M2-1；（c）M2-2

由试件 M2-0、M2-1 和 M2-2 焦散线图片可知，试件 M2-0 在起裂前期为 I-II 混合型焦散斑，起裂后焦散斑由 I-II 混合型转向 I 型，焦散斑大小几乎不变，扩展路径平直，为 I 型破坏；试件 M2-1 爆破后，裂纹尖端出现应力集中，裂纹起裂，并向前扩展。焦散斑随着时间逐渐减小，扩展路径较为平直，焦散斑形状基本为 I 型；试件 M2-2 爆破后，由于前期爆炸应力较高，主裂纹近似沿直线扩展，随着爆炸应力的降低出现了 I-II 混合型焦散斑，裂纹出现较大偏转，焦散斑随时间先减小再逐渐增大。表明在动静组合应力场中，初始拉应力是斜裂纹产生 II 型破坏的主要因素。

8.3.3.2　裂纹扩展行为

主裂纹扩展长度-时间曲线和速度-时间曲线分别如图 8-13 和图 8-14 所示。

由于相机视场的限制，图 8-13 和图 8-14 仅显示了 210μs 之前试样 M2-2 的主裂纹扩展数据。虽然没有记录试样 M2-2 的主裂纹扩展的整个过程，但可以基于现有数据完成试验分析。从图 8-13 可以看出，试样 M2-1 的主裂纹在 195μs 停止扩展，其长度为 69.2mm。然而，在 210μs 时，试样 M2-2 的主裂纹长度为 107.1mm，表明试样 M2-2 的主裂纹长度大于试样 M2-1 的主裂纹长度。此外，拉应力可以增加 45° 斜裂纹在爆破应力作用下的扩展长度。

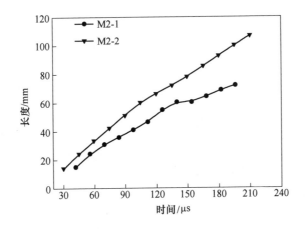

图 8-13　M2 组裂纹扩展长度-时间曲线

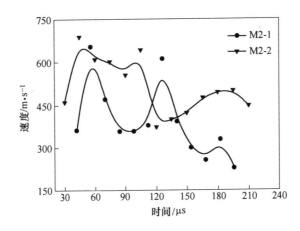

图 8-14　M2 组裂纹扩展速度-时间曲线

如图 8-14 所示，试样 M2-1 和 M2-2 的主裂纹扩展速度在起裂后迅速增加，在 45μs 和 56μs 分别达到最大值 690.5m/s 和 654.9m/s。因此，与试样 M2-1 相比，试样 M2-2 受到额外的拉应力。这导致试样 M2-2 的预裂纹处有较高的能量积累，同时试样 M2-2 在裂纹扩展早期的速度明显大于试样 M2-1 的速度。为了更好地分析试验数据，将曲线的第一峰值和第一谷值之间的差值定义为衰减幅度，并将相应的时间差定义为衰减时间间隔。与试件 M2-1 相比，试件 M2-2 的主裂纹速度衰减幅度和时间间隔较大。在裂纹扩展的后期，M2-1 试样的主裂纹扩展速度减小，直至止裂，且 M2-1 试样的主裂纹扩展速度小于 M2-2 试样的主裂纹扩展速度。从总体上看，拉应力还可以提高 45°斜裂纹在爆破应力作用下的扩展速度。拉应力可以延缓 45°斜裂纹扩展速度的衰减时间，增大 45°斜裂纹扩展速度的衰减幅度。

8.3.3.3 应力强度因子

图 8-15 显示了 M2 组的动态应力强度因子随时间变化的曲线，其显示出与图 8-14 中的速度曲线相似的规律。在 120μs 之前，试样 M2-1 的动态应力强度因子低于试样 M2-2 的，表明在爆破的早期阶段，试样 M2-2 的主裂纹更容易产生和扩展。试样 M2-1 的动态应力强度因子在 45μs 时达到第一峰值 $0.65\mathrm{MPa \cdot m^{1/2}}$，然后 M2-1 曲线波动，最后在 90μs 达到第一谷值 $0.38\mathrm{MPa \cdot m^{1/2}}$，因此，M2-1 主裂纹的动态应力强度因子衰减时间间隔为 45μs，主裂纹的动态应力强度因子衰减幅度为 $0.27\mathrm{MPa \cdot m^{1/2}}$。对于试样 M2-2，曲线在 45μs 时达到第一峰值 $0.87\mathrm{MPa \cdot m^{1/2}}$，最后在 120μs 达到第一谷值 $0.37\mathrm{MPa \cdot m^{1/2}}$。相应地，M2-2 在 45μs 时达到第一峰值 $0.87\mathrm{MPa \cdot m^{1/2}}$，最终达到第一谷值 $0.37\mathrm{MPa \cdot m^{1/2}}$。M2-2 主裂纹的动态应力强度因子衰减时间间隔为 75μs，主裂纹动态应力强度因子衰减幅度为 $0.50\mathrm{MPa \cdot m^{1/2}}$。说明拉应力可以增加 45°斜裂纹应力强度因子衰减的时间间隔和衰减幅度。在爆破初期，随着拉应力的增加，主爆生裂纹尖端的应力强度因子增大。

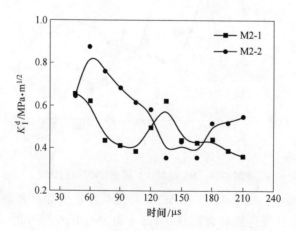

图 8-15 裂纹尖端动态应力强度因子-时间曲线

8.3.4　预制裂纹倾角对裂纹动力学行为影响

8.3.4.1　试件破坏形态

如图 8-16 所示为试件 M3-0、M3-1 和 M3-2 的破坏形态。爆破后，三组试件都在沿着预制裂纹方向产生较长的主裂纹。由于本组试验研究不同角度的预制裂纹在相同应力场中的爆破裂纹扩展情况，所以选取预制裂纹尖端的爆破主裂纹为研究对象。试件 M3-0 和试件 M3-2 爆生主裂纹沿预制裂纹方向近似直线扩展，试件 M3-1 爆生主裂纹沿原预制裂纹方向顺时针向下偏转。说明在初始拉应力和爆炸应力组合应力场下，预制裂纹的角度会影响着裂纹扩展时的偏转。对于直裂纹（与最大拉应力方向共线或垂直最大拉应力方向）不发生偏转。对于斜裂纹，裂纹会沿最大拉应力方向发生偏转。

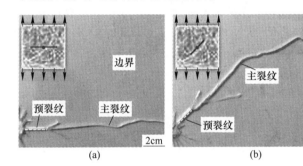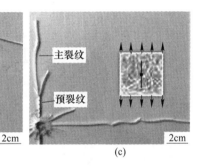

图 8-16　M3 组炮孔周围裂缝分布形式

(a) M3-0 ($\theta = 90°$)；(b) M3-1 ($\theta = 45°$)；(c) M3-2 ($\theta = 0°$)

8.3.4.2　裂纹扩展行为

在 M3 组中，试样 M3-0 和 M3-1 的主裂纹都贯穿试样，并且试样 M3-1 中的主裂纹的扩展路径是弯曲的。因此，不能测量主爆生裂纹的最大扩展长度。然而，从图 8-16 可看出，试样 M3-0 和 M3-1 的主裂纹扩展长度比试样 M3-2 的长。在这一组中，拉应力对主爆炸引起的裂纹扩展长度的影响在这里没有研究。

图 8-17 显示了 M3 组中 211μs 之前裂纹速度的变化。可以看出，主裂纹速度是波动的。在裂纹扩展的早期阶段，试样 M3-1 的第一峰值速度略低于试样 M3-0，且试样 M3-2 的峰值速度最小。结果表明，在相同的拉应力和爆破应力下，裂纹角度的增加导致主裂纹的快速扩展。对于试样 M3-0、M3-1 和 M3-2 中的裂纹速度，衰减幅度分别为 418m/s、343.9m/s 和 278.9m/s，衰减时间间隔分别为 90μs、75μs 和 55μs。随着爆破应力的减弱，试样 M3-0 的主裂纹速度衰减时间间隔最大，试样 M3-2 的减衰时间间隔最小。此外，试样 M3-0、M3-1 和 M3-2 的速

度衰减幅度依次减小。在裂纹扩展的后期，试样 M3-1 的主裂纹速度同时高于试样 M3-0 的主裂纹速度，这是由于试样 M3-0 的主裂纹速度衰减缓慢所致。由于试样 M3-1 的主裂纹速度更接近于试样 M3-0 的主裂纹速度，因此可以推断，预裂纹角为 45°~90° 的主裂纹的速度在叠加应力场中变化不大。此外，预裂纹角的增加不能无限期地提高裂纹的速度。总之，主裂纹的速度随着预裂纹角的增大而加快，预裂纹角的增大可以增大裂纹速度衰减的幅度和延长时间间隔。

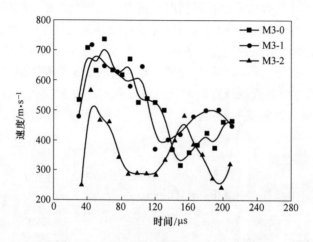

图 8-17　M3 组裂纹扩展速度-时间曲线

8.3.4.3　应力强度因子

如图 8-18 所示显示了动态应力强度因子随时间变化的曲线。在裂纹扩展的早期阶段，试样 M3-2 至 M3-0 的裂纹尖端的应力强度因子依次增加。结果表明，动态应力强度因子随着预裂纹角度的增大而增大。此外，随着裂纹的扩展，应力

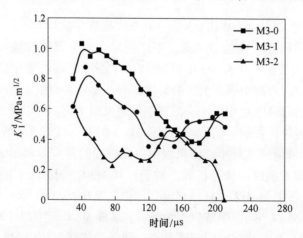

图 8-18　M3 组裂纹尖端动态应力强度因子-时间曲线

强度因子不断衰减。对于试样 M3-0、M3-1 和 M3-2，应力强度因子衰减时间间隔分别为 120μs、75μs 和 44μs，衰减幅度分别为 0.656MPa·$m^{1/2}$、0.517MPa·$m^{1/2}$ 和 0.362MPa·$m^{1/2}$。类似于裂纹扩展速度的规律，随着裂纹角的增大，动态应力强度因子衰减的幅度和时间间隔显著增加。

8.4 受拉岩体的切槽爆破试验

本节围绕岩体拉伸应力区中的定向断裂爆破技术进行探讨，研究不同静态拉应力下切槽爆破爆生裂纹的扩展规律。将定向断裂技术选为切槽爆破技术。

8.4.1 试验过程

受拉岩体的切槽爆破试验采用本书第二章介绍的新型数字激光动态焦散线试验系统和动静组合加载系统（MTS 试验机）。选用 PMMA 作为模型试验材料，试件的尺寸为 320mm×300mm×5mm。试件中心设置直径为 6mm 的炮孔，切槽张开角度为 60°，深度为 2mm。每组试件采用耦合装药的方式添加 100mg 的叠氮化铅炸药。试验分为 S1 和 S2 两组，分别施加 0MPa 和 5MPa 的静态拉应力。根据切槽与初始拉应力夹角 β 的不同，分为 4 个试验，具体见表 8-2。

表 8-2　切槽爆破分组

分组编号	试件编号	初始拉应力/MPa	夹角/(°)
S1	S1-1	0	45
	S1-2	5	45
S2	S2-1	0	0
	S2-2	5	0

8.4.2 试件破坏形态

切槽爆破后的爆生裂纹分布如图 8-19 所示。本章定义沿着切槽方向扩展的裂纹为爆生主裂纹，其余裂纹为次生裂纹。如图 8-19（a）所示，仅在爆炸荷载作用下，试件 S1-1 的爆生主裂纹扩展长度为 115mm，无明显偏转现象。在初始拉应力和爆炸荷载共同作用下，试件 S1-2 的爆生主裂纹向垂直初始拉应力方向发生偏转并贯穿试件，其长度为 153mm。以上分析可知，当切槽与初始拉应力夹角为 45°时，初始拉应力促进爆生主裂纹的扩展，同时会使主裂纹沿着垂直初始拉应力方向偏转。

如图 8-19（b）所示，在爆炸荷载作用下，试件 S2-1 的爆生主裂纹扩展长度为 55mm，炮孔右侧水平方向上仅出现一条明显的次生裂纹。但是在拉应力和爆炸荷载的组合作用下，试件 S2-2 的爆生主裂纹扩展长度比试件 S2-1 要短，为

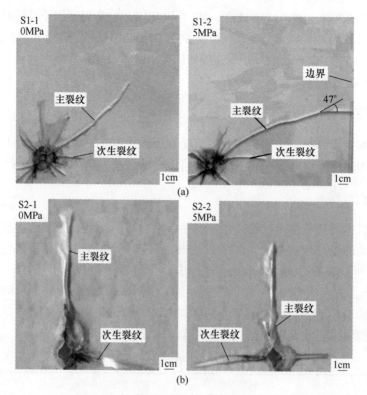

图 8-19　切槽爆破后的试件裂纹分布

（a）S1 组；（b）S2 组

43mm。炮孔两侧共出现两条较长的水平方向次生裂纹。两块试件的主裂纹均沿直线扩展，不发生偏转。上述分析表明当切槽与初始拉应力平行时，初始拉应力会促进次生裂纹的生成。在爆炸荷载的作用下，次生裂纹的产生消耗大量爆炸能，导致用于主裂纹扩展的能量减少。因此，主裂纹扩展长度变短。

8.4.3　裂纹扩展行为

图 8-20 是以试件 S1-1 为例的破坏过程动态焦散图。通过焦散斑的大小和运动轨迹，可以计算爆生主裂纹的运动速度，扩展长度，研究主裂纹随时间的变化的运动规律。如图 8-20 和表 8-3 所示，在爆炸荷载的作用下，试件 S1-1 的焦散斑沿直线移动，无明显偏转。随着时间的增加，焦散斑直径逐渐减小，直至裂纹止裂。对于试件 S1-2，焦散斑在主裂纹开始扩展时就沿着垂直于初始拉应力方向偏转。通过焦散斑位置，可以清晰地看出焦散斑的运动轨迹在 140μs 时发生明显的偏转，随后在 220μs 处达到最大偏转角 47°，最终沿着最大偏转角方向运动到试件边界。另外，在 S2 组试件中，从焦散斑的整个运动轨迹上看，同时焦散斑的直径随时间逐渐减小，直到裂纹停止扩展。

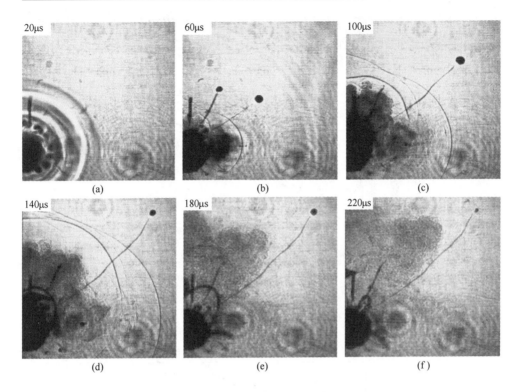

图 8-20　试件 S1-1 破坏过程动态焦散图

(a) 20μs；(b) 60μs；(c) 100μs；(d) 140μs；(e) 180μs；(f) 220μs

表 8-3　S1 组试件偏转角度与时间变化关系　　　　　　　　　　　　(°)

$t/\mu s$	20	60	100	140	180	220
S1-1	2	2	3	1	-2	6
S1-2	1	-5	-11	-22	-36	-47

注：偏转角为不同时刻裂纹扩展方向与切槽的夹角，逆时针为正，顺时针为负。

　　如图 8-21 和图 8-22 所示是 S1 组试件爆生主裂纹扩展长度和速度随时间变化曲线。此处定义平行于切槽方向的主裂纹扩展长度和垂直于切槽方向的主裂纹扩展长度分别为 $L_{//}$ 和 $L_{\perp}$。类似的，平行于切槽方向的主裂纹扩展速度和垂直于切槽方向的主裂纹扩展速度分别为 $v_{//}$ 和 $v_{\perp}$。在整个扩展过程中，试件 S1-1 和试件 S1-2 的 $L_{//}$ 均在 240μs 达到最大长度，分别为 144mm 和 153mm。试件 S1-1 和试件 S1-2 的 $L_{//}$ 和 $v_{//}$ 在整体上相差不大，说明初始拉应力对 $L_{//}$ 和 $v_{//}$ 作用较小。然而试件 S1-2 的 $L_{\perp}$ 和 $v_{\perp}$ 在 100μs 时开始增加的。这是由于爆炸荷载作用衰减后，初始拉应力开始起主导作用，对试件 S1-2 的 $L_{\perp}$ 和 $v_{\perp}$ 均有促进作用。但试件 S1-1 的 $L_{\perp}$ 和 $v_{\perp}$ 总体较小，不予考虑。以上分析表明，当初始拉应力与切槽的夹角为

45°时，初始拉应力对平行于切槽方向的主裂纹扩展作用较小，但是对垂直于切槽方向的主裂纹扩展促进作用明显。从而主裂纹向垂直于初始拉应力方向发生偏转。

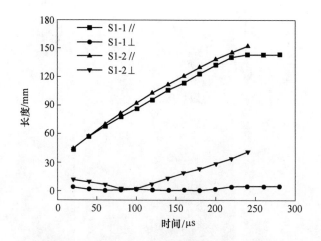

图 8-21 S1 组爆生主裂纹扩展长度-时间曲线

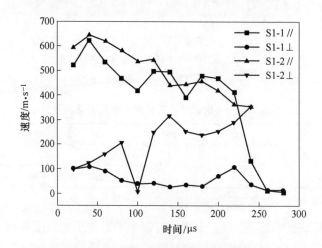

图 8-22 S1 组爆生主裂纹扩展速度-时间曲线

如图 8-23 和图 8-24 所示是 S2 组试件爆生主裂纹的扩展长度和速度随时间的变化曲线。从图 8-23 可以看出，在 160μs 前，试件 S2-1 和试件 S2-2 的在爆炸冲击波的作用下，主裂纹扩展连续。两块试件主裂纹的扩展长度分别为 55mm 和 43mm。如图 8-24 所示，从整体上看，试件 S2-1 的主裂纹扩展速度大于试件 S2-2。此处验证了本书第 8.5.1 节的分析结果。当切槽与初始拉应力平行时，初始拉应力促进炮孔水平方向的次生裂纹的产生，消耗大量的爆炸能，导致用于主裂纹扩展的能量较少，从而使主裂纹在切槽方向的扩展长度变短。

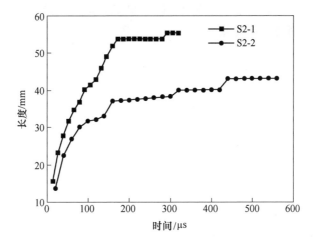

图 8-23　S2 组爆生主裂纹扩展长度-时间曲线

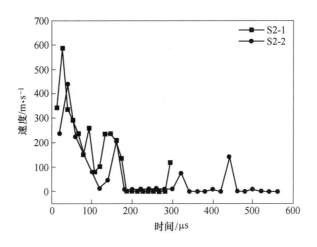

图 8-24　S2 组爆生主裂纹扩展速度-时间曲线

8.4.4 应力强度因子

S1 组爆生主裂纹的动态应力强度因子 $K_{\mathrm{I}}^{\mathrm{d}}$ 和 $K_{\mathrm{II}}^{\mathrm{d}}$ 随时间的变化关系如图 8-25 所示。从图 8-25 中可知，试件 S1-2 的应力强度因子 $K_{\mathrm{I}}^{\mathrm{d}}$ 远大于试件 S1-1。两块试件的应力强度因子 $K_{\mathrm{I}}^{\mathrm{d}}$ 最大值分别为 0.68MPa·m$^{1/2}$ 和 1.36MPa·m$^{1/2}$。对比两块试件的应力强度因子 $K_{\mathrm{II}}^{\mathrm{d}}$ 的曲线可以发现，试件 S1-1 的应力强度因子 $K_{\mathrm{II}}^{\mathrm{d}}$ 在 0MPa·m$^{1/2}$ 附近变化，而试件 S1-2 的应力强度因子整体较大。以上分析表明当切槽与初始拉应力夹角为 45°时，初始拉应力提高了主裂纹的应力强度因子和改变了主裂纹的扩展模式（Ⅰ型变为Ⅰ-Ⅱ）。初始拉应力是造成主裂纹向垂直初始拉应力方向发生偏转的主要原因。

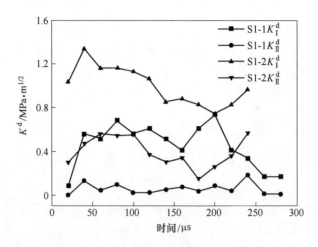

图 8-25　S1 组试件爆生主裂纹应力强度因子-时间曲线

图 8-26 是 S2 组试件爆生主裂纹的应力强度因子 K_I^d 随时间的变化关系。试件 S2-1 和试件 S2-2 的应力强度因子 K_I^d 在整个过程中变化趋势一致，峰值分别为 1.91MPa·m$^{1/2}$ 和 1.63MPa·m$^{1/2}$。值得注意的是，试件 S2-2 的应力强度因子 K_I^d 在 160μs 内大于试件 S2-1，之后相差较小。这是由于初始拉应力产生较多的次生裂纹，消耗大量的爆炸能，用于主裂纹扩展的能量较少，从而降低了主裂纹尖端的应力强度因子。以上分析表明当切槽与初始拉应力平行时，初始拉应力减小了主裂纹尖端的应力强度因子。

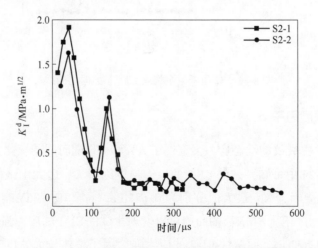

图 8-26　S2 组试件爆生主裂纹应力强度因子-时间曲线

　　综合上述分析发现，初始静态拉应力改变了切槽炮孔周围的应力分布，进而影响爆生裂纹的分布特征；当切槽与初始拉应力夹角为45°时，初始拉应力对平行和垂直于切槽方向的主裂纹扩展均有促进作用，其中对垂直于切槽方向的主裂纹扩展促进作用尤为明显；同时，在初始拉应力作用下，主裂纹的应力强度因子显著提高，扩展模式由Ⅰ型变为Ⅰ-Ⅱ复合型，主裂纹沿着垂直于初始拉应力方向发生偏转。这种情况下，达不到定向爆破的效果。

　　当切槽与初始拉应力平行时，主裂纹沿着切槽方向直线扩展，定向爆破的效果显著，初始拉应力促进了炮孔两侧的次生裂纹的产生，降低了主裂纹尖端的应力强度因子和减短了主裂纹的扩展长度。在这种情况下，工程上可采用增加药量的方法达到预期的爆破效果。

参 考 文 献

[1] 胡夏嵩，赵法锁. 低地应力区地下洞室拱顶围岩拉应力有限元数值模拟研究［J］. 西安科技大学学报,2005，25（1）：5-8.

[2] 赵康，赵奎. 金属矿山开采过程上覆岩层应力与变形特征［J］. 矿业工程,2014，34（4）：6-10.

[3] 伍小林，王学滨，潘一山. 单向压缩条件下圆形颗粒体含孔洞试样的力学模拟［J］. 水利水运工程学报,2010，（3）：40-44.

[4] 中国航空研究院. 应力强度因子手册［M］. 北京:科学出版社，1993.

后　记

本书是杨立云自 2008 年读博至今主要科研工作的阶段性总结。

作者在 2008~2011 年攻读博士学位期间，采用传统的多火花式高速摄影系统和小型气缸加载装置（最大载荷仅为 0.8MPa）进行实验，开始了围压下爆生裂纹问题的研究，完成了博士毕业论文《岩石类材料的动态断裂与围压下爆生裂纹的实验研究》。当时的实验设备虽然简陋，但作者在这些早期研究过程中意识到高应力岩体爆破亟须研究的问题很多。留校任教至今，作者以博士期间工作为研究基础，在高等学校博士学科点专项科研基金（新教师类）《初始应力场对爆生裂纹行为效应的实验研究（No. 20120023120020）》和国家自然科学基金《深部地应力场对岩体爆炸致裂过程影响效应的实验研究（No. 51404273）》的资助下，继续深入开展关于深部高应力岩体爆破方面的研究工作。期间，先后发明了新型的数字激光焦散线实验系统，相比传统的多火花式高速摄影系统，新型实验系统结构简单、操作方便，不仅实验成本低、周期短，而且试验效果好，拍摄图像更加清晰、准确；研发了新一代动静组合加载系统，相比小型气缸加载装置，其加载能力更大（最大 20t），操作更方便；开发建立了超高速数字图像相关分析系统，在爆炸力学领域首次实现了爆炸应变场的全场监测。这些实验技术和设备取得了多项发明专利，为高应力岩体爆破试验的开展提供了设备保障。本书研究成果亦发表在 10 余个国内外学术期刊上，主要有《International Journal of Rock Mechanics & Mining Sciences》《Tunnelling and Underground Space Technology》《Shock and Vibration》《Journal of Testing and Evaluation》《Journal of Engineering Science and Technology Review》《International Journal of Mining Science & Technology》《爆炸与冲击》《岩石力学与工程学报》《煤炭学报》《中国矿业大学学报》《岩土工程学报》《振动与冲击》和《科技导报》。

　　本书系统地开展了高应力岩体爆破试验研究，但作者深感既往的工作中仍存在诸多不足之处：一是本书中的试验多为二维平面试验，没有开展三轴载荷作用下岩体的爆破试验，尤其是无法实现平行炮孔方向应力施加；二是理论分析主要基于弹性断裂力学，没有考虑塑性断裂力学和深部岩石的塑性、流变性等方面；三是全书试验较多，数值模拟研究和理论推导偏少，导致研究结果多属于爆破现象的规律性总结，理论高度不够。这些研究的不足和缺失亦是下一步研究工作的重点方向。随着对高应力岩体力学问题研究的深入，作者逐渐认识到高应力岩体爆破中的高应力其实属于断裂力学中边界条件问题，可以用裂纹端部的约束效应（如 T 应力）来定量评价和描述。基于此，作者在国家自然科学基金项目《考虑约束效应的爆生裂纹扩展行为基础研究（No. 51974316）》的资助下，已经开始着手针对爆生裂纹扩展中约束效应问题的研究，期望从普适的规律和断裂力学理论来揭示动态裂纹爆破的扩展行为，建立爆生裂纹的力学行为理论体系。

　　本书重点是对高应力岩体爆破的机理分析，对工程现场实践中的爆破技术开发和爆破参数设计等涉及较少。关于深部高应力岩体爆破技术等生产应用方面研究主要体现在由杨仁树教授牵头的国家重点研发计划项目《煤矿深井建设与提升基础理论及关键技术》之课题三《深井高效破岩与洗井排渣关键技术（No. 2016YFC0600903）》中。在这一研究项目中，课题组开发了深部高应力岩体爆破技术，针对深部高应力岩体掏槽爆破，提出了"孔间分阶、孔内分段"的思路，从时间和空间维度对深部岩体的深孔爆破做了科学阐述，发明了立井和巷道孔内分段掏槽爆破技术和井巷周边爆破技术。这些工程应用技术性内容，本书不做讨论，感兴趣读者可参考相关学术论文。